U0325618

# 李宁细说
# 聪明宝宝怎么吃

Lining xishuo congming baobao zenmechi

**李宁** 主编

北京协和医院营养科副主任医师
北京协和医学院副教授
全国妇联"心系好儿童"项目专家组成员

青岛出版社 | 国家一级出版社
QINGDAO PUBLISHING HOUSE | 全国百佳图书出版单位

# 前言
## preface

　　婴幼儿时期是大脑的快速发育阶段。宝宝3岁时，大脑发育就能达到成人的80%。大脑在这个阶段如能获得足够的营养，智力的发展会事半功倍。此后，虽然宝宝的身高、体重会不断增加，但脑的重量增加就开始减缓。由于大脑的发育是不可逆转的，所以在胎儿和婴幼儿时期，一定要给宝宝充足的营养，让宝宝在大脑发育的黄金阶段获得充足的营养动力。

　　面对货架上繁多的食物，舐犊情深的爸爸妈妈和爷爷奶奶们有时候都不知从何处下手。其实，家常的食材中就有很多"宝贝"，含有宝宝生长发育过程中所必需的各种营养素，我们完全可以从这些家常食物中获取宝宝成长所需要的养分，帮助宝宝健康成长。因此，我们主编了《李宁细说聪明宝宝怎么吃》，希望能给家长有益的启示。

　　本书共分为五章，第一章介绍了能让宝宝聪明健康成长的必需营养素，告诉家长如何在日常生活中灵活运用，科学合理地给宝宝补充营养。第二章介绍了市场上常见的益智食材，这些食物富含能让宝宝更聪明的营养物质，家长不能轻视。第三章精心为父母打造聪明宝宝的喂养方案，给父母列出具体的同步喂养方法和基本的原则，让父母不再为"怎么喂养宝宝"而手足无措。第四章介绍了21种宝宝常见病的调养方案，介绍了饮食调养原则和禁忌，当宝宝身体出现不适时，可以及时对照，进行对症调养。第五章提醒了聪明父母要知道的事情，从给新生儿喂奶的注意事项到辅食制作，从纠正宝宝挑食、偏食到建立好的饮食习惯，将宝宝在饮食中可能遇到的问题都摊开来，让父母好好了解和学习，用正确的方法喂养一个聪明可爱的健康宝宝。

　　宝宝是父母的希望。从小就开始为宝宝提供多种食物，做到膳食平衡，培养宝宝良好的饮食习惯，才能一步步提高宝宝的身体素质和免疫力，让宝宝健康成长、更加聪明！希望本书能够成为爸爸妈妈的育儿好帮手！

# 目录
## contents

# 聪明宝宝的益智食品

PART 3

# 聪明宝宝的喂养方案

PART 4

# 宝宝常见病调养方案

# PART 5

## 聪明父母要知道的事

# PART 1

# 聪明宝宝的智力营养素

# 碳水化合物 脑活动的能量来源

碳水化合物是脑的重要能量来源。中枢神经系统所需的热能，要靠摄入碳水化合物后转变成的葡萄糖来提供。脑的重量虽然仅为全身重量的2%，但脑所消耗的葡萄糖却是全身消耗葡萄糖总量的20%。科学研究表明，碳水化合物供应充足可提高宝宝的智力，增强大脑功能。

## 碳水化合物的来源

碳水化合物的主要食物来源有谷物（如大米、小麦、玉米、大麦、燕麦、高粱等）、水果（如甘蔗、甜瓜、西瓜、香蕉、葡萄等）、薯类（如红薯、土豆等）、蔗糖。

## 碳水化合物缺乏的表现

宝宝膳食中缺乏碳水化合物时，会显得精神不振、全身无力，由于摄入的热量不足，宝宝的体温会下降，有畏寒怕冷的表现，有的宝宝还伴有便秘的症状。如果宝宝碳水化合物的摄入量长期不足会造成生长发育迟缓、体重减轻。

## 碳水化合物的摄取

1岁以内的宝宝，每天每千克体重需要12克碳水化合物，2岁以上宝宝每天每千克体重大约需要10克碳水化合物。每克碳水化合物能提供4千卡的热量，每天摄入的碳水化合物所提供的热量应占总热量的50%~55%。

### 常见食物碳水化合物的含量

| 食物名称 | 含量（克/100克可食部） | 食物名称 | 含量（克/100克可食部） |
|---|---|---|---|
| 大　米 | 77.9 | 玉　米 | 22.8 |
| 小　米 | 75.1 | 黄　豆 | 34.2 |
| 小　麦 | 75.2 | 红　薯 | 24.7 |

# 营养师推荐的聪明宝宝营养食谱

## 奶香麦片粥

**材料：** 燕麦片 25 克，大米 10 克，牛奶适量。

**做法：**

❶ 燕麦片、大米淘洗干净。

❷ 锅内放入燕麦片、大米和适量清水煮成烂粥，晾至温热后倒入牛奶搅拌均匀即可。

**适合月龄：** 9 个月以上的宝宝。

## 蛋花番茄面

**材料：** 挂面 100 克，番茄 50 克，鸡蛋 1 个。

**调料：** 盐、香油各适量。

**做法：**

❶ 番茄洗净，去蒂和皮，切丁；鸡蛋洗净，磕入碗中，打散。

❷ 锅置火上，倒入适量清水烧沸，下入挂面煮至八成熟，淋入鸡蛋液搅散，下番茄丁煮至软烂，加盐调味，淋上香油即可。

**适合月龄：** 10 个月以上的宝宝。

## 玉米菠菜粥

**材料：** 菠菜 25 克，玉米面 50 克。

**做法：**

❶ 菠菜择洗干净，放入沸水锅中焯烫 30 秒，捞出放冷水里过凉，沥干水分后切末。

❷ 挑出玉米面中的杂质；将玉米面用冷水调成没有结块的稀汤状。

❸ 将调稀后的玉米面水倒入锅内，再加入适量的水，煮成稠粥时撒入菠菜末即可。

**适合月龄：** 7 个月以上的宝宝。

# 蛋白质 帮助大脑正常发育

蛋白质是脑细胞的主要成分之一，同时也是脑细胞兴奋和抑制过程的物质基础，它对人的语言、思考、记忆、神经传导、运动等方面都起着重要的作用。大脑发育的特点是一次性完成细胞增殖，而人的大脑细胞的增长有两个高峰期。第一个是胎儿3个月的时候；第二个是出生后到1岁，特别是出生后0~6个月是大脑细胞猛烈增长的时期。到1岁时，大脑细胞增殖基本完成，其数量已达成人的90%。爸爸妈妈在宝宝大脑发育的关键时期让宝宝摄取适宜的蛋白质，对宝宝的智力发育会起到事半功倍的效果。

## 蛋白质的来源

富含蛋白质的食物有奶制品(牛奶、羊奶)、畜肉(牛肉、羊肉、猪肉)、禽肉(鸡、鸭、鹅、鹌鹑)、蛋类(鸡蛋、鸭蛋、鹌鹑蛋)、水产(鱼、虾、蟹)、豆类(黄豆、青豆、黑豆)等，这些食物都是宝宝膳食中优质的蛋白质来源；此外，像芝麻、瓜子、核桃、杏仁、松子等干果类蛋白质的含量均较高。因此，在给宝宝添加辅食时，以上食品都是可供选择的。

## 蛋白质缺乏的表现

当宝宝蛋白质摄取不足时，会出现新生细胞生成速度减慢、生长发育迟缓、体重减轻、身材矮小、容易疲劳、抵抗力降低、贫血、病后康复缓慢、智力下降等状况。

### 常见食物蛋白质的含量

| 食物名称 | 含量（克/100克可食部） | 食物名称 | 含量（克/100克可食部） |
|---|---|---|---|
| 猪肉(瘦) | 20.3 | 鸡 蛋 | 12.7 |
| 牛肉(瘦) | 20.2 | 牛 奶 | 3.0 |
| 鸡肉(胸脯) | 19.4 | 带 鱼 | 17.7 |

# 营养师推荐的聪明宝宝营养食谱

## 鱿鱼香菇汤

**材料：** 鲜鱿鱼 100 克，鲜香菇 2 朵。

**调料：** 盐、香油各适量。

**做法：**

❶ 鲜鱿鱼收拾干净，切小块；鲜香菇去蒂，洗净，放入沸水中焯烫 30 秒，捞出，挤去水分，切片。

❷ 锅置火上，放入鱿鱼、香菇和适量清水煮至鱿鱼熟透，加少许盐调味，淋上香油即可。

**适合月龄：** 12 个月以上的宝宝。

## 萝卜羊肉丸子汤

**材料：** 白萝卜 30 克、羊瘦肉 50 克。

**调料：** 葱花、蛋清、香油各适量。

**做法：**

❶ 白萝卜洗干净，切片；羊瘦肉洗净，剁成肉泥，加蛋清和香油朝一个方向搅打至上劲，做成丸子。

❷ 锅置火上，倒入适量冷水，放入羊肉丸子煮至七成熟，下入白萝卜片煮熟，加少许盐调味，撒上葱花即可。

**适合月龄：** 10 个月以上的宝宝。

## 紫菜鸡丝汤

**材料：** 干紫菜 5 克，鸡胸肉 50 克。

**调料：** 葱花、盐、香油各适量。

**做法：**

❶ 紫菜撕成小片；鸡胸肉洗净，切丝。

❷ 锅置火上，放入鸡肉丝和适量清水煮至鸡肉丝熟透，加紫菜和葱花煮 2 分钟，调入适量盐，淋上香油即可。

**适合月龄：** 9 个月以上的宝宝。

# 脂肪 对宝宝身体的发育极为重要

　　婴儿期是生长发育极快的时期，也是脑细胞分裂、增殖的关键时期。而脂肪能提供婴儿自身不能合成的必需脂肪酸，还能帮助吸收、利用脂溶性维生素，对视网膜及脑细胞发育有重要作用。因此，脂肪对婴儿智力和身体的发育极为重要。

## 脂肪的来源

　　脂肪的主要来源是烹调用油脂和食物本身所含的油脂。烹调用油脂是指豆油、花生油、玉米油、猪油、黄油等动植物油。另外，禽畜肉、鸡蛋、奶酪、牛奶、坚果（花生、杏仁、核桃）和大豆等食物也是脂肪良好的食物来源。

## 脂肪缺乏的表现

　　宝宝缺乏脂肪会导致皮肤干燥、头发干枯、头皮屑多，甚至患上湿疹；精力不足、记忆力下降、视力较差；出汗较多，容易口渴；免疫力低下，容易感冒。脂肪严重缺乏时体重不增加，身体消瘦，生长速度比同龄的宝宝缓慢。

## 脂肪的摄取

　　1岁以内的宝宝每天每千克体重需要4克脂肪，1~3岁的宝宝每天每千克体重需要3克脂肪。

### 常见食物脂肪的含量

| 食物名称 | 含量（克/100克可食部） | 食物名称 | 含量（克/100克可食部） |
| --- | --- | --- | --- |
| 核桃(干) | 58.8 | 猪肉(瘦) | 6.2 |
| 花生仁 | 44.3 | 鸡　蛋 | 9.0 |
| 黑芝麻 | 46.1 | 鹌鹑蛋 | 11.1 |

# 营养师推荐的聪明宝宝营养食谱

## 萝卜丝肉丸汤

**材料：** 白萝卜 150 克，猪肉馅 80 克。

**调料：** 香菜末、鸡蛋清、盐、香油各适量。

**做法：**

❶ 白萝卜择洗干净，切丝；猪肉馅加香油和鸡蛋清朝一个方向搅打至上劲，用手团成小肉丸。

❷ 汤锅内加适量冷水，放入肉丸煮熟，放白萝卜丝煮至熟透，加盐调味，淋香油，撒上香菜末即可。

**适合月龄：** 12 个月以上的宝宝。

## 五香麦片粥

**材料：** 燕麦片 80 克，生花生仁 15 克，黑芝麻 15 克。

**调料：** 葱花、盐、香油各适量。

**做法：**

❶ 炒锅置火上，分别放入花生仁、黑芝麻炒熟，盛出，晾凉，擀碎。

❷ 锅内加水烧沸，放入燕麦片煮成烂粥，放入葱花、盐和香油搅拌均匀，撒上碎花生和碎黑芝麻即可。

**适合月龄：** 10 个月以上的宝宝。

## 牛肉包

**材料：** 包子皮 250 克，鸡蛋 1 个（约 60 克），韭菜碎 100 克，牛肉末 50 克。

**调料：** 姜末、盐、鸡精、香油各适量。

**做法：**

❶ 鸡蛋打入碗内，搅匀，加盐，放油锅中煎成蛋饼，取出切碎。

❷ 将鸡蛋、牛肉末、韭菜末放入盆中，加盐、香油拌匀，调成包子馅。

❸ 包子皮包入馅料，做成包子生坯，上锅蒸熟即可。

**适合月龄：** 12 个月以上的宝宝。

# DHA 与宝宝脑部发育关系密切

　　DHA（二十二碳六烯酸）是一种多元不饱和脂肪酸，对宝宝脑细胞分裂、神经传导及智力发育起着十分重要的作用，与宝宝脑部的发育关系密切，能提高宝宝的学习、记忆及认知应答的能力。

## DHA的来源

　　对于宝宝来说，DHA 有 6 个来源：

　　1. 母乳。初乳中 DHA 的含量尤其丰富；2. 添加了 DHA 的配方奶粉；3. 三文鱼、鲭鱼、沙丁鱼、金枪鱼等深海鱼；4. 核桃、杏仁、花生、松子等坚果；5. 海带、紫菜等海藻类食物；6. 从深海鱼油、藻类及鱼类脂肪中提取的 DHA 制品。

## DHA缺乏的表现

　　宝宝缺乏 DHA 时，会出现皮肤粗糙、鳞屑病及视觉功能障碍。严重缺乏时会出现生长发育迟缓、智力障碍等异常情况。

## DHA的摄取

　　1994 年，联合国粮农组织和世界卫生组织（FAO/WHO）建议：足月生产的婴幼儿每天每千克体重需要摄入 20 毫克的 DHA。

### 常见食物DHA的含量

| 食物名称 | 含量（克/100克可食部） | 食物名称 | 含量（克/100克可食部） |
| --- | --- | --- | --- |
| 鲤　鱼 | 0.5 | 鲭　鱼 | 11.4 |
| 平　鱼 | 0.8 | 沙丁鱼 | 9.9 |

# 营养师推荐的聪明宝宝营养食谱

## 海带鸭血汤

**材料：** 水发海带、鸭血各 50 克。

**调料：** 葱花、盐、香油、鸡汤各适量。

**做法：**

① 海带洗净，切小菱形片；鸭血洗净，切小块。

② 锅置火上，放入海带、鸭血和鸡汤大火煮沸，转小火煮至鸭血熟透，加少许盐调味，淋上香油，撒上葱花即可。

**适合月龄：** 12 个月以上的宝宝。

## 鳕鱼番茄羹

**材料：** 鳕鱼肉 30 克，番茄 50 克。

**调料：** 盐、香油各适量。

**做法：**

① 鳕鱼肉撕去鱼皮，去净鱼刺，洗净，蒸熟，碾成鱼泥。

② 番茄洗净，去蒂和皮，切碎，放入耐热的碗中，加鳕鱼泥搅拌均匀，送入蒸锅蒸至番茄熟烂，加少许盐调味，淋上香油即可。

**适合月龄：** 8 个月以上的宝宝。

## 水果蛋羹

**材料：** 鸡蛋 1 个，哈密瓜 25 克。

**做法：**

① 将哈密瓜去皮，除子，洗净，放入搅拌机中搅打成泥。

② 将鸡蛋洗净，磕入碗中，打散，加适量清水搅拌均匀，送入蒸锅，蒸锅内的水开后蒸 8 分钟，取出。晾至温热，放上哈密瓜泥即可。

**适合月龄：** 12 个月以上的宝宝。

# 卵磷脂 脑发育不可缺少的营养素

卵磷脂是构成脑和脊髓神经组织的主要成分。卵磷脂进入人体后分解为胆碱，大脑里的胆碱含量越高，神经传递就越快，机体的思维也随着加快，记忆力也会更加牢固。卵磷脂在人体内不能自行合成，只能从食物中摄取。当宝宝还在妈妈肚子里的时候，孕妈妈摄入的卵磷脂是否足够就已经影响到胎儿的大脑发育。卵磷脂可以促进大脑神经系统的发育与脑容积的增长，还可增强记忆力。美国食品药品监督管理局（FDA）规定，所有婴儿食谱中都要适量补充卵磷脂。

## 卵磷脂的来源

卵磷脂含量较多的食物是大豆、蛋黄和动物肝脏。此外，在鱼头、芝麻、蘑菇、山药、黑木耳、鳗鱼、红花子油、玉米油、葵花子等食物中也都有一定的含量。

## 卵磷脂缺乏的表现

卵磷脂缺乏将导致脑神经细胞膜受损，造成脑神经细胞代谢缓慢，免疫及再生能力降低。婴幼儿期缺乏卵磷脂可影响大脑及智力发育，使学习能力下降；还可使大脑处于疲劳状态，主要表现为心理紧张、反应迟钝、头昏头痛、失眠多梦、记忆力下降、健忘、注意力难以集中等现象。

## 卵磷脂的摄取

卵磷脂可以从蛋黄、黄豆等食物中摄取，也可以通过添加卵磷脂的婴儿配方奶粉补充。

### 常见食物卵磷脂的含量

| 食物名称 | 含量（克/100克可食部） |
| --- | --- |
| 鸡蛋黄 | 10~11 |
| 黄　豆 | 1.3~2.1 |

# 营养师推荐的聪明宝宝营养食谱

## 自制豆浆

**材料：** 水发黄豆 50 克。

**调料：** 白糖适量。

**做法：**

❶ 水发黄豆洗净，放入榨汁机中，加适量清水搅打成豆浆。

❷ 汤锅置火上，倒入搅打好的豆浆，中火煮沸，转小火煮至豆浆熟透。

❸ 取碗，倒入煮熟的豆浆，用白糖调味即可。

**适合月龄：** 12 个月以上的宝宝。

## 香蕉蛋黄泥

**材料：** 鸡蛋 1 个，香蕉适量。

**做法：**

❶ 鸡蛋洗净，煮熟，去皮，取 1/2 蛋黄，碾成泥；香蕉洗净，去皮，捣成泥。

❷ 取小碗，放入蛋黄泥和香蕉泥，加适量温开水搅拌至糊状即可。

**适合月龄：** 5 个月以上的宝宝。

## 番茄肝末

**材料：** 番茄 1/2 个，鸭肝 50 克。

**调料：** 葱末、肉汤、盐、香油各适量。

**做法：**

❶ 鸭肝去净筋膜，洗净，切碎；番茄洗净，去蒂和皮，切碎。

❷ 锅置火上，放入鸭肝、葱末和肉汤煮至鸭肝八成熟，放入番茄煮熟，搅成糊状，加少许盐调味，淋上香油即可。

**适合月龄：** 7 个月以上的宝宝。

# 维生素A　维护视力和促大脑发育

维生素 A 可以促进脑细胞的发育，提高视网膜对光的感受能力，促进皮肤的健康，是维护视力和促进大脑发育必不可少的营养素。

## 维生素A的来源

人体维生素 A 有两个来源：一种是人体可直接利用的维生素 A，只存在于动物性食物中；另一种是胡萝卜素，也叫维生素 A 原，可以在体内转变为维生素 A，可从植物性食物中摄取。含维生素 A 及胡萝卜素较多的健脑食物有鸡肝、猪肝、鳝鱼、蛋黄、牛奶、奶粉、胡萝卜、韭菜、菠菜、芥菜、南瓜、紫菜等。

## 维生素A缺乏的表现

宝宝缺乏维生素 A 时皮肤会变得粗糙、干涩，浑身起小疙瘩，好似鸡皮；指甲变脆，形状改变；头发干枯、稀疏且没有光泽；夜间视力减退，适应黑暗的能力降低；食欲不振并伴有疲乏、腹泻等症状。

## 维生素A的摄取

3 岁以内的宝宝每天的维生素 A 需要量约为 400 微克，4~7 岁的宝宝每天需要 500 微克。母乳及配方奶中一般均富含维生素 A，所以用母乳及配方奶喂养的宝宝一般不需要额外补充维生素 A。但牛奶中的维生素 A 仅为母乳含量的 50%，也就是说，用牛奶喂养的宝宝需要额外补充 150~200 微克 / 千克体重的维生素 A。

### 常见食物维生素A的含量

| 食物名称 | 含量（微克 /100 克可食部） | 食物名称 | 含量（微克 /100 克可食部） |
| --- | --- | --- | --- |
| 猪　肝 | 4972 | 菠　菜 | 487 |
| 胡萝卜 | 678 | 鹌鹑蛋 | 337 |

# 营养师推荐的聪明宝宝营养食谱

## 紫菜豆腐羹

**材料：** 干紫菜 5 克，豆腐 50 克。

**调料：** 葱花、盐、香油各适量。

**做法：**

❶ 豆腐洗净，切小丁。

❷ 锅置火上，放入豆腐和适量清水大火烧开，转中火煮 5 分钟，下入紫菜搅拌均匀，加少许盐调味，淋上香油，撒上葱花即可。

**适合月龄：** 8 个月以上的宝宝。

## 菠菜猪肝汤

**材料：** 菠菜 50 克，猪肝 25 克。

**调料：** 葱花、盐、香油各适量。

**做法：**

❶ 菠菜择洗干净，放入沸水中焯烫 30 秒，捞出，切小段；猪肝去净筋膜，洗净，切小片。

❷ 锅置火上，放入猪肝、葱花和适量清水煮至猪肝熟透，倒入菠菜段搅拌均匀，加少许盐调味，淋上香油即可。

**适合月龄：** 12 个月以上的宝宝。

## 黄油胡萝卜泥

**材料：** 胡萝卜 1 根，黄油适量。

**做法：**

❶ 将胡萝卜择洗干净，切成小块，蒸熟。

❷ 锅置火上烧热，放入黄油熔化。

❸ 将蒸透后的胡萝卜碾成泥，加入熔化的黄油搅拌均匀即可。

**适合月龄：** 4 个月以上的宝宝。

# 维生素D　提高神经细胞反应速度

维生素 D 的主要功能是调节体内钙、磷的正常代谢，但现代科学研究表明，维生素 D 可以提高神经细胞的反应速度，增强人的判断能力。

## 维生素D的来源

维生素 D 主要来源于动物性食物，如海鱼、动物肝脏、蛋黄和瘦肉中。另外，还可来源于自身的合成制造，但这需要多晒太阳，接受更多的紫外线照射。经常晒太阳，保证足够的紫外线照射，可预防维生素 D 的缺乏。

## 维生素D缺乏的表现

维生素 D 缺乏会影响宝宝大脑皮层的功能，使其反应减慢、表情淡漠、语言发育迟缓。还会导致颅骨软化，用手指按压枕骨或顶骨中央会内陷，松手后即弹回，好似按压乒乓球的感觉。维生素 D 缺乏易患小儿佝偻病，如肋骨串珠、肋骨外翻、鸡胸、漏斗胸、O 型腿、X 型腿等。

## 维生素D的摄取

宝宝维生素 D 建议摄入量为每日 10 微克。如妈妈维生素 D 摄入不足或日照少，母乳喂养的宝宝从生后 3 周起每天要添加维生素 D 10 微克。用配方奶粉喂养的婴儿，则不必另外加维生素 D。日常生活中要多给宝宝吃一些含维生素 D 的鱼类食品，并可根据宝宝的身体情况适当补充鱼肝油。

### 常见食物维生素D的含量

| 食物名称 | 含量（微克/100克可食部） | 食物名称 | 含量（微克/100克可食部） |
| --- | --- | --- | --- |
| 鳕鱼肝油 | 8500 | 炖鸡肝 | 67 |
| 牛　油 | 100 | 鸡　蛋 | 50 |
| 鸡蛋黄 | 158 | 牛　奶 | 41 |

# 营养师推荐的聪明宝宝营养食谱

## 芝麻蛋黄泥

**材料：** 鸡蛋 1 个。

**调料：** 芝麻酱适量。

**做法：**

❶ 鸡蛋洗净，煮熟，去皮，取 1/2 蛋黄，碾成泥。

❷ 芝麻酱、蛋黄泥倒入小碗中，加温开水搅拌成糊状即可。

**适合月龄：** 5 个月以上的宝宝。

## 鳕鱼肉泥

**材料：** 鳕鱼肉 30 克。

**调料：** 香油适量。

**做法：**

❶ 鳕鱼肉去净鱼刺，洗净，蒸熟。

❷ 将蒸熟的鳕鱼捣成鱼泥，淋入少许香油拌匀即可。

**适合月龄：** 6 个月以上的宝宝。

## 奶汁西蓝花

**材料：** 西蓝花 50 克，牛奶 150 毫升。

**做法：**

❶ 西蓝花择洗干净，掰成小朵，放入沸水中焯 1 分钟，捞出，沥干水分，捣成泥。

❷ 汤锅内加入牛奶和适量清水烧沸，放入西蓝花搅拌均匀即可。

**适合月龄：** 6 个月以上的宝宝。

# 维生素E 维护宝宝神经系统

维生素E是一种脂溶性维生素，有很强的抗氧化作用，能促进脑细胞增生与活力，可防止脑内产生过氧化脂质，并可预防脑疲劳。宝宝的神经系统处在发育阶段，一旦维生素E缺乏，如不及时补充，可迅速发生神经方面的症状。

## 维生素E的来源

维生素E的食物来源有坚果（包括花生、核桃仁、葵花子、榛子、松子）、瘦肉、乳类、蛋类；还有芝麻、玉米、橄榄、花生、大豆等压榨出的植物油；菠菜和紫甘蓝、红薯、山药、莴笋、黄花菜、圆白菜、菜花等是含维生素E比较多的蔬菜。

## 维生素E缺乏的表现

维生素E缺乏主要表现为神经系统功能低下，出现中枢和外周神经系统的症状。新生儿（尤其是早产儿）缺乏维生素E，可引起新生儿溶血性贫血。还会表现出皮肤粗糙、干燥、缺少光泽、容易脱屑等情况。如果宝宝长期缺乏维生素E，脑细胞膜就可能会坏死，维生素E严重不足时，还会引起各种类型的智能障碍，变得呆傻。

## 维生素E的摄取

1岁以内的宝宝每天需要维生素E的量为3毫克，1~3岁的宝宝每天需要量为4毫克。对于体重小于1500克的早产儿和脂肪吸收不良的宝宝，最好每日补充维生素E5毫克，以预防维生素E缺乏。

### 常见食物维生素E的含量

| 食物名称 | 含量（毫克/100克可食部） | 食物名称 | 含量（毫克/100克可食部） |
| --- | --- | --- | --- |
| 豆油 | 93.08 | 香油 | 68.53 |
| 花生油 | 42.06 | 核桃(干) | 43.21 |

# 营养师推荐的聪明宝宝营养食谱

## 芝麻核桃露

**材料：** 核桃仁 25 克，白芝麻 25 克，米粉 15 克。

**调料：** 白糖适量。

**做法：**

❶ 核桃仁、白芝麻分别放入无水无油的炒锅中炒熟，盛出，晾凉，碾碎；米粉加适量清水调成米糊。

❷ 碾碎的芝麻和核桃仁倒入汤锅内，加适量水小火烧开，用白糖调味，把米糊慢慢淋入锅内，勾芡成糊状即可。

**适合月龄：** 10 个月以上的宝宝。

## 花生糊

**材料：** 花生仁 20 克，糯米粉 30 克。

**调料：** 白糖适量。

**做法：**

❶ 花生仁放入无水无油的炒锅中炒熟，盛出，晾凉，碾碎；糯米粉加适量清水调成糯米糊。

❷ 碾碎的花生仁倒入汤锅内，加适量水小火烧开，用白糖调味，把糯米糊慢慢淋入锅内，勾芡成糊状即可。

**适合月龄：** 10 个月以上的宝宝。

## 麻酱拌面

**材料：** 挂面 50 克，小白菜 15 克。

**调料：** 葱末、盐、芝麻酱各适量。

**做法：**

❶ 小白菜择洗干净；芝麻酱用适量温开水调稀。

❷ 汤锅置火上，倒入适量清水烧沸，下入挂面煮熟，捞出，过凉；把洗好的小白菜放入煮面的水中烫熟。

❸ 取碗，捞入面条，放烫熟的小白菜，用葱末、盐、芝麻酱调味即可。

**适合月龄：** 18 个月以上的宝宝。

# 维生素K 促进血液正常凝固

维生素 K 又叫凝血维生素，是一种脂溶性维生素，是人体凝血因子合成所必需的，是保证宝宝身体健康和大脑发育不可或缺的维生素之一。

## 维生素K的来源

牛肝、鱼、鱼子、菠菜、莴笋、圆白菜、绿茶中维生素 K 的含量丰富；芦笋、燕麦、猪肝中维生素 K 的含量较为丰富；青豆、豌豆、猪里脊肉、牛肉、鸡肝、蛋类、桃、葡萄干中维生素 K 的含量一般；香蕉、柑橘、土豆、南瓜、番茄、玉米、玉米油中含有少量的维生素 K。宝宝肠道内的大肠杆菌也能提供给身体所需要的维生素 K。

## 维生素K缺乏的表现

宝宝缺乏维生素 K 时，鼻子、口腔、尿道的黏膜处会无故出血，皮肤在轻微的碰撞后出现瘀斑。如果宝宝长期严重缺乏维生素 K 可出现颅内出血，可引起脑膜刺激征及颅内压增高症候群，发生呕吐等不适症状，影响宝宝大脑的正常发育。

## 维生素K的摄取

新生儿是对维生素 K 营养需要的一个特殊群体，这是因为胎盘转运脂质相对不足，新生儿肝脏对凝血酶原的合成尚未成熟，母乳维生素 K 的含量低而且新生儿肠道出生后头几天是无菌的，尚无细菌可合成维生素 K，所以应注意为新生儿补充维生素 K。早产的婴儿一定要补充维生素 K。建议每千克体重补充 2 微克的量。

### 常见食物维生素K的含量

| 食物名称 | 含量（微克/100克可食部） | 食物名称 | 含量（微克/100克可食部） |
|---|---|---|---|
| 蒜 苗 | 720 | 菠 菜 | 589 |
| 萝卜缨 | 650 | 菠 菜 | 351 |
| 芹菜叶 | 553 | 牛 肝 | 92 |

# 营养师推荐的聪明宝宝营养食谱

## 肝末鸡蛋羹

**材料：**猪肝 25 克，鸡蛋 1 个。

**调料：**香油适量。

**做法：**

❶ 猪肝去净筋膜，洗净，煮熟，碾成泥。

❷ 鸡蛋洗净，磕入碗中，打散，加适量清水和猪肝泥搅拌均匀，送入蒸锅，水开后蒸 8 分钟，淋上适量香油即可。

**适合月龄：**12 个月以上的宝宝。

## 菠菜拌蛋皮

**材料：**菠菜 100 克，鸡蛋 1 个。

**调料：**盐、蒜末、香油各适量。

**做法：**

❶ 菠菜择洗干净，放开水中焯一下，捞出沥水，切碎；鸡蛋洗净，磕入碗中，打散。

❷ 锅置火上烧热，倒入植物油，淋入蛋液摊成薄蛋皮，盛出，切细丝。

❸ 取盘，放入菠菜段和蛋皮丝，加适量盐、蒜末和香油调味即可。

**适合月龄：**12 个月以上的宝宝。

## 肉松牛奶燕麦粥

**材料：**燕麦片 50 克，牛奶 100 克，肉松 5 克。

**做法：**

锅置火上，放入燕麦片和适量清水煮成麦片粥，淋入牛奶煮开，加入肉松搅拌均匀即可。

**适合月龄：**7 个月以上的宝宝。

# B族维生素　维护智力和神经健康

　　B 族维生素是水溶性维生素，参与体内糖、蛋白质和脂肪的代谢，可以使脑神经细胞功能增强。维生素 $B_1$ 能促使神经组织和精神状态保持良好的状态，能维护智力和促进智能活动；维生素 $B_2$ 是构成脑细胞及提高其活力的重要物质，可促进智力发育；烟酸参与体内物质代谢和能量代谢，并能保持皮肤及消化系统的正常功能，体内缺乏时会导致疲倦、抑郁和皮肤发炎，也会影响智力发育；维生素 $B_6$ 能维护神经系统健康；维生素 $B_{12}$ 能维护智力，让大脑富有活力。可以说，B 族维生素能让热量代谢顺畅，神经系统传导正常，是宝宝智力发育不可或缺的助手。

## B族维生素的来源

　　维生素 $B_1$（硫胺素）的主要食物来源为豆类、糙米、牛奶、动物内脏及瘦肉。

　　维生素 $B_2$（核黄素）的主要食物来源为瘦肉、肝、蛋黄、糙米及绿叶蔬菜。

　　烟酸（尼克酸）主要来源于动物性食物，肝脏、酵母、蛋黄、豆类中含量丰富，蔬菜水果中含量偏少。

　　维生素 $B_6$（吡哆醇）的主要来源为瘦肉、坚果、糙米、绿叶蔬菜。

　　维生素 $B_{12}$（钴胺素）主要存在于动物性食物中，主要来源为肝、鱼、瘦肉。

## B族维生素缺乏的表现

　　宝宝缺乏维生素 $B_1$ 时会胃口不好、消化不良，有时会吐奶，有的宝宝还容易疲劳，烦躁易怒，情绪不稳定。缺乏维生素 $B_2$ 时会表现出皮肤"出油"、皮屑增多，口、鼻、前额及耳朵处有脱皮现象，口腔黏膜出现溃疡，嘴角破裂，在鼻唇沟、胸部及身体的皱褶处出现脂溢性皮炎。缺乏维生素 $B_6$ 和维生素 $B_{12}$ 时宝宝毛发稀黄、容易脱落，还会精神不振、食欲下降。

# 营养师推荐的聪明宝宝营养食谱

## 紫菜肉蛋卷

**材料：** 紫菜 10 克，猪肉 50 克，鸡蛋 2 个。

**调料：** 盐、葱末、植物油各适量。

**做法：**

❶ 紫菜用清水泡发，洗净；猪肉洗净，剁成肉泥，加适量盐、葱末拌匀；鸡蛋洗净，磕入碗中，打散。

❷ 锅置火上烧热，倒入植物油，淋入蛋液摊成大张的薄蛋皮，盛出，放上紫菜和肉馅卷成卷，送入蒸锅蒸熟，取出，切小段即可。

**适合月龄：** 12 个月以上的宝宝。

## 豆腐蛋黄糊

**材料：** 豆腐 20 克，鸡蛋 1 个。

**调料：** 盐、肉汤各适量。

**做法：**

❶ 鸡蛋洗净，煮熟，去皮，取鸡蛋黄，加适量盐碾成泥；豆腐洗净，碾碎。

❷ 锅置火上，放入豆腐、肉汤，中火煮开，转小火煮 3 分钟，倒入碾碎的蛋黄搅拌成糊状即可。

**适合月龄：** 6 个月以上的宝宝。

## 花生大米粥

**材料：** 带衣花生米 30 克，大米 50 克。

**做法：**

❶ 将花生米捣烂；大米淘洗干净。

❷ 将花生碎和大米放入锅中，大火煮开，转小火熬煮至粥成熟即可。

**适合月龄：** 6 个月以上的宝宝。

# 维生素C 参与合成神经递质

在维生素家族中，维生素C是我们最熟悉的了。它存在于各类新鲜的水果蔬菜中。维生素C能使大脑接受外界刺激更加敏感，向外发布命令的线路更加通畅，使身体的代谢机能旺盛。充足的维生素C能改善脑组织对氧的利用率，使大脑灵活敏锐，所以它是提高大脑功能的重要营养素。

## 维生素C的来源

维生素C主要来源于新鲜蔬菜和水果，水果中以酸枣、山楂、柑橘、草莓、猕猴桃等含量高；蔬菜中以辣椒含量最多，其他蔬菜也含有较多的维生素C。蔬菜中维生素C的含量叶部比茎部高，新叶比老叶高，有光合作用的叶部含量最高。干的豆类及种子几乎不含维生素C，但当豆或种子发芽后则可产生维生素C。

## 维生素C缺乏的表现

如果宝宝缺乏维生素C，可出现营养不良、贫血、容易感染、伤口愈合慢等症状，影响智力和身体的发育。严重缺乏维生素C还可能会出现各种出血症状，如牙龈肿胀出血、鼻出血、皮下出血等。

## 维生素C的摄取

人体无法自行合成维生素C，只能通过食物或补充剂来摄取。通常情况下，6~24个月龄的宝宝最容易缺乏维生素C。婴幼儿需要的维生素C大都从食物中获取。

### 常见食物维生素C的含量

| 食物名称 | 含量（毫克/100克可食部） | 食物名称 | 含量（毫克/100克可食部） |
|---|---|---|---|
| 鲜 枣 | 243 | 橙 子 | 33 |
| 草 莓 | 47 | 菠 菜 | 32 |
| 猕猴桃 | 62 | 甜 椒 | 72 |

# 营养师推荐的聪明宝宝营养食谱

## 圆白菜泥

**材料：** 圆白菜 50 克，玉米粉适量。

**做法：**

❶ 圆白菜择洗干净，切成不规则状；玉米粉加水调成玉米粉糊。

❷ 锅置火上，放入切好的圆白菜和适量清水煮至圆白菜柔软，取出，攥去水分后置于研钵内，用杵棒捣烂。

❸ 净锅置火上，放入捣烂的圆白菜、煮圆白菜的水和玉米粉糊，煮至黏稠状即可。

**适合月龄：** 6 个月以上的宝宝。

## 水果麦片粥

**材料：** 燕麦片 50 克，猕猴桃、香蕉、西瓜瓤各适量。

**做法：**

❶ 猕猴桃、香蕉洗净，去皮，切丁；西瓜瓤切丁。

❷ 锅置火上，放入燕麦片和适量清水煮成稀粥，倒入猕猴桃丁、香蕉丁、西瓜瓤丁搅拌均匀即可。

**适合月龄：** 12 个月以上的宝宝。

## 鲜橘子汁

**材料：** 鲜橘子 250 克。

**做法：**

❶ 鲜橘子洗净，去皮除子，切块。

❷ 橘子块放入榨汁机中打成汁，过滤去果肉即可。

**适合月龄：** 5 个月以上的宝宝。

# 叶酸 促进宝宝生长发育

　　叶酸是人体细胞生长和繁殖所必需的物质。叶酸关系着胎儿大脑和神经的发育，对婴幼儿的神经细胞与脑细胞发育有促进作用。国外研究表明，在3岁以下的婴儿食品中添加叶酸，有助于促进其脑细胞生长，并有提高智力的作用。美国食品药品监督管理局（FDA）已批准叶酸作为一种健康食品添加剂添加于婴儿奶粉中。

## 叶酸的来源

　　食物中含叶酸较多的有以下几种：

　　蔬菜：莴笋、菠菜、番茄、胡萝卜、龙须菜、西蓝花、油菜、小白菜、扁豆、豆荚、蘑菇等。

　　水果：橘子、草莓、樱桃、香蕉、柠檬、桃子、李、杏、杨梅、海棠、酸枣、山楂、石榴、葡萄、猕猴桃、梨等。

　　动物性食品：动物的肝脏、肾脏，禽肉及蛋类，如猪肝、鸡肉、牛肉、羊肉等。

　　谷物、豆类及干果：大麦、小麦胚芽、糙米、豆类、核桃、腰果、栗子、杏仁、松子等。

## 叶酸缺乏的表现

　　宝宝缺乏叶酸时会面色苍白、头发无光泽、身体无力、易怒、精神呆滞、健忘，还可出现胃肠不适、腹泻、胃溃疡等消化系统障碍。宝宝如果长期缺乏叶酸，不但可能患上巨幼红细胞性贫血，还会导致身体发育不良、心智发育迟滞。

### 常见食物叶酸的含量

| 食物名称 | 含量（微克/100克可食部） | 食物名称 | 含量（微克/100克可食部） |
|---|---|---|---|
| 猪　肝 | 335.2 | 鸡　肝 | 1172.2 |
| 猪　肾 | 49.6 | 菠　菜 | 87.9 |
| 羊　肝 | 226.5 | 小白菜 | 43.6 |

# 营养师推荐的聪明宝宝营养食谱

## 草莓风味酸奶

**材料：** 草莓 50 克，酸奶 125 克。

**做法：**

❶ 草莓洗净，去蒂，切粒。

❷ 将草莓放入搅拌机中，倒入酸奶搅拌均匀即可。

**适合月龄：** 8 个月以上的宝宝。

## 海米菠菜粥

**材料：** 大米 50 克，菠菜 25 克，海米 5 克。

**做法：**

❶ 海米用清水泡软，洗净，切末；大米淘洗干净；菠菜择洗干净，放入沸水中焯烫 30 秒，捞出，切末。

❷ 锅置火上，放入大米、海米末和适量清水煮成烂粥，加菠菜末搅拌均匀即可。

**适合月龄：** 12 个月以上的宝宝。

## 菠菜银耳汤

**材料：** 菠菜 100 克，银耳 20 克。

**调料：** 姜、葱各适量。

**做法：**

❶ 菠菜去根，洗净，切段；银耳洗净，沥干；姜、葱分别切细丝。

❷ 砂锅加水，煮开，放入菠菜稍烫，放盐和姜葱丝，最后放银耳，稍煮片刻即可。

**适合月龄：** 12 个月以上的宝宝。

# 牛磺酸 促进宝宝脑组织发育

牛磺酸能通过提高机体对蛋白质的利用率，促进大脑细胞结构和功能的发育；牛磺酸直接参与神经细胞大分子合成代谢，促进大脑神经细胞增殖、分化、成熟和存活；作为抗氧化物质，牛磺酸可清除氧自由基，保护神经细胞膜的完整性；牛磺酸还能和其他神经营养素协同作用于神经细胞的代谢。

## 牛磺酸的来源

母乳中的牛磺酸含量较高，尤其初乳中含量更高。牛磺酸几乎存在于所有生物之中，含量最丰富的是海产品，如墨鱼、章鱼、虾、牡蛎、海螺、蛤蜊等。在鱼类中，鱼背发黑的部位牛磺酸含量较多，是其他白色部分的5~10倍。因此，多摄取此类食物，可以较多地获取牛磺酸。

## 牛磺酸缺乏的表现

如果宝宝体内缺乏牛磺酸，将会导致生长发育缓慢、智力发育迟缓、反应能力低下，造成脑发育障碍。牛磺酸与幼儿、胎儿的中枢神经及视网膜等的发育有密切的关系，如果缺乏牛磺酸，还会发生视网膜功能紊乱。

## 牛磺酸的摄取

对于宝宝而言，母乳即可提供足量牛磺酸。目前的婴儿配方奶粉中也多有添加，一般不用额外补充。

### 常见食物牛磺酸的含量

| 食物名称 | 含量（毫克/100克可食部） | 食物名称 | 含量（毫克/100克可食部） |
| --- | --- | --- | --- |
| 蚶 | 41.4 | 鱼 类 | 9.1 |
| 章 鱼 | 31.2 | 鸡胸肉 | 1.4 |

# 营养师推荐的聪明宝宝营养食谱

## 宝宝鱼汤

**材料：** 鲜鱼块 20 克。

**调料：** 葱段、姜片各适量。

**做法：**

❶ 鱼块洗净，放入锅内，加水、葱段、姜片后煮沸，小火熬煮 10 分钟后关火。

❷ 鱼块捞出来碾成泥；将煮鱼块的汤倒入漏勺内过滤，去渣取鱼汤，放入鱼泥拌匀即可。

**适合月龄：** 6 个月以上的宝宝。

## 牡蛎冬瓜汤

**材料：** 鲜牡蛎肉 30 克，冬瓜 100 克。

**调料：** 香菜末、盐、香油各适量。

**做法：**

❶ 牡蛎肉洗净泥沙；冬瓜去皮除子，洗净，切片。

❷ 锅置火上，放入冬瓜片和适量清水煮至冬瓜九成熟，加入牡蛎肉煮熟，加适量盐调味，淋上香油，撒上香菜末即可。

**适合月龄：** 12 个月以上的宝宝。

## 虾蓉豆腐

**材料：** 虾仁碎、肉馅各 20 克，嫩豆腐 25 克、鸡蛋 1 个。

**调料：** 骨头汤 50 毫升、盐、葱末、水淀粉、植物油各适量。

**做法：**

❶ 虾仁洗净，碾碎，放入肉馅、鸡蛋清搅拌均匀，制成馅料。

❷ 豆腐中间挖空少许，填馅料，抹平，送烧开的蒸锅蒸 5 分钟，取出。

❸ 锅内倒油烧热，炒香葱末，淋入骨头汤烧开，加盐调味，用水淀粉勾芡，淋在蒸好的豆腐上即可。

**适合月龄：** 12 个月以上的宝宝。

# 钙 增强脑神经组织的传导能力

　　钙在脑的发育中起着重要作用。医学研究表明，神经细胞代谢及神经肌肉活动都与钙关系密切。在神经细胞代谢的过程中，蛋白质等代谢所需的多种酶和激素都需要在钙离子的激活下才有生物活性，而肌肉收缩、神经递质释放、神经冲动传导也与钙有关，所以钙的摄入量充足能增强脑神经组织的传导能力，使宝宝在学习时注意力高度集中。可见，要使宝宝头脑聪明，就要有足够的营养供给大脑，而钙就是其中重要的成分之一。

## 钙的来源

　　我们食物中的钙有 30% 来自蔬菜，如豆角、芥蓝、苋菜、小白菜、西蓝花等，但蔬菜中的钙较难被人体吸收；有 20% 的钙来自较容易被人体吸收的奶及奶制品，如牛奶、酸奶、奶酪等。剩下 50% 的钙来自水产类、豆类、种子类等食品：豆类如豆腐、豆腐干、黄豆、黑豆等；水产类如小鱼干、海米、连骨吃的鱼、海带、紫菜等；种子类如黑芝麻、白芝麻、莲子等。

## 钙缺乏的表现

　　宝宝轻微缺钙时会表现为神经紧张、脾气暴躁、烦躁不安、多汗，尤其是入睡后头部出汗。夜里常突然惊醒，哭泣不止。有的宝宝还会出现关节痛、心跳过缓、蛀牙、手脚痉挛或抽搐等。宝宝严重缺钙时可患小儿佝偻病，表现为颅骨乒乓球样软化、肋骨外翻，会走路时出现 X 型腿或 O 型腿。

### 常见食物钙的含量

| 食物名称 | 含量（毫克 /100 克可食部） | 食物名称 | 含量（毫克 /100 克可食部） |
| --- | --- | --- | --- |
| 虾 皮 | 991 | 菠 菜 | 66 |
| 黑芝麻 | 780 | 黄 豆 | 191 |
| 牛 奶 | 104 | 海 带 | 46 |

# 营养师推荐的聪明宝宝营养食谱

## 芝麻拌芋头

**材料：** 芋头 50 克，芝麻 15 克，牛奶适量。

**做法：**

❶ 芋头洗净，蒸熟，去皮，碾成泥；芝麻放入无油无水的炒锅中炒熟，盛出，晾凉，擀碎。

❷ 取小碗，放入芋头泥、碎芝麻，淋入适量牛奶搅拌成糊状即可。

**适合月龄：** 7 个月以上的宝宝。

## 豆腐汤

**材料：** 嫩豆腐 100 克，小白菜 2 棵，香菇 1 朵。

**调料：** 大豆油、盐各适量。

**做法：**

❶ 将嫩豆腐捣烂成蓉；香菇洗净，切碎，并拌入豆腐蓉。

❷ 小白菜洗净，切成碎末备用。

❸ 在汤锅内加水适量，放 1 滴大豆油，待水煮开后，放入拌好的豆腐蓉和小白菜，大火煮开后，加少许盐调味即可。

**适合月龄：** 4 个月以上的宝宝。

## 虾皮萝卜丝汤

**材料：** 白萝卜 80 克，虾皮 10 克。

**调料：** 盐、香油、葱花各适量。

**做法：**

❶ 白萝卜择洗干净，切细丝；虾皮用清水泡掉咸味，取出，切碎。

❷ 锅置火上，放入白萝卜丝、虾皮和适量水煮至白萝卜丝熟软，加适量盐调味，淋上香油，撒上葱花即可。

**适合月龄：** 12 个月以上的宝宝。

# 铁　智力发展所需要的营养素

铁与儿童脑部发育和健康均密不可分。铁作为人体血红蛋白和大脑神经纤维髓鞘的物质基础，为脑细胞提供营养素和充足的氧气，影响神经传导。铁缺乏时对智力发展明显有害，许多较大的儿童即使在铁剂治疗后，认知行为的落后状态依旧不能逆转。但如果婴幼儿铁的摄入量充足，可明显改善智力，降低婴幼儿智力发育迟缓的患病比例。

## 铁的来源

动物的肝、肾、瘦肉含铁量丰富，尤其是肝脏含铁最丰富。植物中的豆类、一些水果（如红枣、紫葡萄、山楂、樱桃）和一些蔬菜（如菠菜、芹菜、南瓜、番茄等）都含有较多的铁。

## 铁缺乏的表现

宝宝缺铁时皮肤较干燥，指甲易碎，毛发无光泽、易脱落、易折断，疲乏无力，面色苍白，呼吸困难，伴有便秘。还会表现出经常哭闹、夜间啼哭、易惊醒、不易入睡、易呼吸道感染、体重较轻等。缺铁的宝宝一般患有贫血、口角炎、舌炎、舌乳头萎缩等，有的喜欢吃墙皮、泥土、生米、纸等。

### 常见食物铁的含量

| 食物名称 | 含量（毫克/100克可食部） | 食物名称 | 含量（毫克/100克可食部） |
| --- | --- | --- | --- |
| 黄　豆 | 8.2 | 猪肉(瘦) | 3.0 |
| 红枣(干) | 2.3 | 猪　肝 | 22.6 |
| 桂圆(干) | 0.7 | 猪　血 | 8.7 |
| 黑芝麻 | 22.7 | 牛肉(瘦) | 2.8 |

# 营养师推荐的聪明宝宝营养食谱

## 红白豆腐

**材料：** 猪血 40 克，豆腐 40 克。

**调料：** 葱末、盐、水淀粉、植物油各适量。

**做法：**

❶ 猪血洗净，切小块；豆腐洗净，切小块。

❷ 炒锅置火上烧热，倒入植物油，炒香葱末，放入鸭血块和豆腐块翻炒均匀，淋入适量清水烧至鸭血块和豆腐块熟透，加适量盐调味，用水淀粉勾薄芡即可。

**适合月龄：** 9 个月以上的宝宝。

## 炒黑白菜

**材料：** 大白菜叶 80 克，水发黑木耳 15 克。

**调料：** 葱末、盐、植物油各适量。

**做法：**

❶ 大白菜叶择洗干净，撕成小片；黑木耳择洗干净，撕成小片。

❷ 炒锅置火上烧热，倒入植物油，炒香葱末，放入木耳和大白菜叶翻炒至大白菜叶熟软，加适量盐调味即可。

**适合月龄：** 12 个月以上的宝宝。

## 猪肝丸子

**材料：** 猪肝 100 克，西红柿 50 克。

**调料：** 鸡蛋清、葱末、肉汤各适量。

**做法：**

❶ 猪肝去净筋膜，洗净，剁成肝泥，加鸡蛋清和葱末朝一个方向搅拌均匀，制成丸子。

❷ 锅置火上，倒入肉汤，放入猪肝丸子煮熟，盛出。

❸ 西红柿洗净，切碎，倒入锅内炒至半糊状，浇在丸子上即可。

**适合月龄：** 12 个月以上的宝宝。

# 锌 智力之源

锌能促进脑细胞的生长，从而增强记忆、促进思维的活跃。在脑细胞发育的关键时刻，缺锌会影响脑的功能。加拿大科学家通过对智力差的儿童补充富含微量元素锌的食物，2 年以后，多数儿童的智力得到提高。

## 锌的来源

锌的丰富来源有面筋、口蘑、牛肉、牛肝。锌的良好来源有猪肉、禽肉、蛋黄、西瓜子、干贝、虾、花生酱、花生、花茶。锌的一般来源有牛舌、猪肝、鱿鱼、海米、豌豆、香菇、银耳、黑米、绿茶、红茶、豆类、黄花菜和全谷制品（如小麦、玉米、燕麦等）。锌的微量来源有海参、黄鳝、木耳、大葱、动物脂肪、植物油、水果、蔬菜、乳制品和糖。另外，大多数地区饮用水中也含有少量的锌。

## 锌缺乏的表现

缺锌的宝宝指甲、头发无光泽、易断；有的挑食，有的甚至厌食；免疫力降低，易患感冒、肺炎、腹泻等疾病，伤口愈合缓慢。长期缺锌的宝宝生长发育缓慢，身材矮小，性发育迟滞。

### 常见食物锌的含量

| 食物名称 | 含量（毫克/100克可食部） | 食物名称 | 含量（毫克/100克可食部） |
| --- | --- | --- | --- |
| 口　蘑 | 9.04 | 核桃(干) | 6.42 |
| 猪　肝 | 5.78 | 花生仁 | 2.5 |
| 牛肉(瘦) | 3.71 | 黑芝麻 | 6.13 |
| 鸡蛋黄 | 3.79 | 松子(干) | 9.02 |
| 黑　豆 | 4.18 | 黄花菜 | 3.99 |

# 营养师推荐的聪明宝宝营养食谱

## 牡蛎豆腐饺

**材料：** 鲜牡蛎肉 4 个，豆腐 60 克，饺子皮 10 个。

**调料：** 葱末、香油、盐各适量。

**做法：**

❶ 鲜牡蛎肉洗净泥沙，切碎；豆腐洗净，碾成泥。

❷ 取盛器，放入牡蛎肉、豆腐泥、葱末、香油和适量盐调味，制成饺子馅。

❸ 取饺子皮包入馅料，制成饺子生坯，放入沸水中煮熟即可。

**适合月龄：** 12 个月以上的宝宝。

## 口蘑烧茄子

**材料：** 口蘑 2 个，茄子 80 克。

**调料：** 葱末、盐、植物油各适量。

**做法：**

❶ 口蘑择洗干净，切薄片；茄子去蒂，洗净，切片。

❷ 炒锅置火上烧热，倒入植物油，炒香葱末，放入口蘑和茄子片翻炒均匀，淋入适量清水烧至茄子熟透，加适量盐调味即可。

**适合月龄：** 12 个月以上的宝宝。

## 鸭蛋黄炒南瓜

**材料：** 咸鸭蛋黄 1 个，南瓜 60 克。

**调料：** 葱末、植物油各适量。

**做法：**

❶ 咸鸭蛋黄碾成泥；南瓜去皮，除瓤和子，洗净，切菱形片。

❷ 炒锅置火上烧热，倒入植物油，炒香葱末，放入南瓜翻炒均匀，淋入适量清水烧至熟软，加鸭蛋黄泥翻炒均匀即可。

**适合月龄：** 12 个月以上的宝宝。

# 硒 可预防智力低下

　　硒是维持人体正常生理功能所必需的一种微量元素，有助于智力的发育和提高。硒对小儿神经系统的发育有不可忽视的影响，因为硒与脑中大多数的蛋白质有关。硒缺乏会影响大脑中一些重要酶的活性，使脑的结构发生改变，从而发生智力低下等疾病。研究表明，硒元素与小儿智力发育关系密切，先天智力低下患儿血浆中硒的浓度较正常值偏低。

## 硒的来源

　　硒的丰富来源有芝麻、动物内脏、海米、鲜贝、海参、鱿鱼、大蒜、蘑菇、金针菇、苋菜、黄油、龙虾；良好来源有海蟹、带鱼、黄鱼、猪肉、羊肉、豆油、全小麦粒（粉）；一般来源有冬菇、茴香、胡萝卜、燕麦、大米、橘汁和全脂牛奶；微量来源有玉米、小米、核桃。

## 硒缺乏的表现

　　宝宝体内缺硒时会出现营养不良、精神呆滞、视力减弱的现象，还易患假白化病，表现为牙床无血色，皮肤、头发无色素沉着。有的宝宝还因缺硒而患上贫血。

### 常见食物硒的含量

| 食物名称 | 含量（微克/100克可食部） | 食物名称 | 含量（微克/100克可食部） |
|---|---|---|---|
| 牡　蛎 | 86.64 | 鸡　蛋 | 14.98 |
| 虾　皮 | 74.43 | 猪　肝 | 19.21 |
| 带　鱼 | 36.57 | 鹌鹑蛋 | 25.48 |
| 鳕　鱼 | 24.8 | 牛肉(瘦) | 10.55 |
| 鲫　鱼 | 14.31 | 鸡肉(胸脯) | 10.5 |

# 营养师推荐的聪明宝宝营养食谱

## 鸡肉番茄羹

**材料：** 鸡胸肉 25 克，番茄 1 个。

**调料：** 盐、水淀粉、香油各适量。

**做法：**

❶ 鸡胸肉洗净，切末；番茄洗净，去蒂和皮，切碎。

❷ 锅置火上，放入鸡肉末、番茄和适量清水煮开，转小火煮 10 分钟，加适量盐调味，用水淀粉勾芡，淋上香油即可。

**适合月龄：** 10 个月以上的宝宝。

## 金针菇牛肉汤

**材料：** 金针菇 25 克，牛肉 25 克。

**调料：** 香菜末、葱花、姜丝、盐、植物油各适量。

**做法：**

❶ 金针菇去根，洗净，放入沸水中焯透，捞出；牛肉洗净，切丝。

❷ 锅置火上，倒入适量植物油，待油温烧至七成热，炒香葱花、姜丝，加牛肉丝滑熟，放入焯好的金针菇翻炒均匀，添入适量清水大火煮沸，转小火煮 5 分钟，用适量盐调味，撒上香菜末即可。

**适合月龄：** 18 个月以上的宝宝。

## 红枣蛋黄泥

**材料：** 红枣 6 枚，鸡蛋 1 个。

**做法：**

❶ 将红枣洗净，煮 20 分钟至熟，取出，去皮、核，剔出红枣肉。

❷ 鸡蛋煮熟，取出蛋黄，用勺背压成泥状，加入红枣肉搅拌即可。

**适合月龄：** 6 个月以上的宝宝。

# 碘 智力营养素

碘是人体所必需的微量元素，是合成甲状腺激素的重要原料。碘对人体主要是通过甲状腺素而起作用，甲状腺素是人体正常生长、大脑智力发育及生理代谢中不可缺少的激素，所以碘又被称为"智力元素"。碘缺乏影响人类大脑的正常生长发育，无论是轻度还是重度碘缺乏，都会损伤智力，在大脑发育的关键期，因缺碘造成的大脑发育障碍是不可康复的。

## 碘的来源

人体所需要的碘可以从饮水、碘盐、食物中获得。碘的丰富来源有海带、紫菜、海鱼、虾和生长在富含碘的土壤中的蔬菜。一般及微量来源有谷类（稻谷、小麦、玉米、燕麦、荞麦等）、豆类、根茎类食物。

## 碘缺乏的表现

碘缺乏的宝宝身材矮小，上半身比例大；甲状腺肿大（大脖子病），甲状腺功能减退；皮肤干燥而呈鱼鳞状，毛发、指甲易断裂；体重较正常宝宝略重，但皮下组织及肌肉松弛无力；面容呆笨，鼻梁塌陷，两眼间距宽，舌头常伸出口外，智力低下，有语言、听力和运动障碍。

### 常见食物碘的含量

| 食物名称 | 含量（微克/100克可食部） | 食物名称 | 含量（微克/100克可食部） |
|---|---|---|---|
| 牛　肉 | 10.4 | 大　米 | 2.4 |
| 鸡　肉 | 18.2 | 黄　豆 | 9.7 |
| 橘　子 | 5.3 | 红小豆 | 11 |
| 面　粉 | 2.9 | 青　椒 | 9.6 |
| 干蘑菇 | 9.2 | 小白菜 | 10 |

# 营养师推荐的聪明宝宝营养食谱

## 酸甜海带

**材料：** 水发海带 80 克。

**调料：** 香菜末、醋、白糖、盐、香油各适量。

**做法：**

❶ 水发海带洗净，切细丝，放入沸水中煮至熟软，捞出，晾凉，沥干水分。

❷ 取盘，放入海带丝，加醋、白糖、盐、香油调味，撒上香菜末即可。

**适合月龄：** 18 个月以上的宝宝。

## 米团汤

**材料：** 米粉 2 大匙，米饭 1/4 碗，萝卜 1/10 个，柿子椒 1/5 个。

**调料：** 盐适量。

**做法：**

❶ 米饭和米粉搅和在一起，揉成米团。

❷ 将萝卜和柿子椒洗净，切成小碎块。

❸ 锅中放水，加碎萝卜和碎柿子椒同煮，待熟，加入米团煮沸，用盐调味即可。

**适合月龄：** 12 个月以上的宝宝。

## 鱼肉小馄饨

**材料：** 鲅鱼肉 50 克，韭菜 100 克，馄饨皮适量。

**调料：** 盐、香油各适量。

**做法：**

❶ 鲅鱼肉去净鱼刺，洗净，剁成鱼泥；韭菜择洗干净，切末。

❷ 取碗倒入鱼泥、韭菜末、盐、香油拌匀，制成馄饨馅。

❸ 取馄饨皮包入馅料，做成馄饨生坯，放入沸水中煮熟即可。

**适合月龄：** 12 个月以上的宝宝。

# 镁 增智又益脑

　　镁是人体生化代谢过程中必不可少的元素，对维护中枢神经系统功能，抑制神经、肌肉的兴奋性等都起着十分重要的作用。现代营养学研究证实，镁对大脑的智力发育有很好的补益作用，这种作用对于正在成长中的宝宝来说是非常重要的。

## 镁的来源

谷类：荞麦面、小米、高粱米、玉米面、大米、面粉。

豆类：黄豆、青豆、绿豆、黑豆、蚕豆、豌豆、豇豆、豆腐。

蔬菜：雪里蕻、苋菜、芥菜、菠菜等绿叶蔬菜。

海产品：紫菜、海米、海带。

水果：山楂、香蕉、杨桃。

干果：花生、核桃仁、桂圆。

其他：干蘑菇、冬菇。

## 镁缺乏的表现

　　身体缺镁的宝宝肤色青紫、多汗、发热、低血糖。有的患有低镁惊厥症，表现为面部肌肉、眼角和嘴角抽动，肢体颤抖。

### 常见食物镁的含量

| 食物名称 | 含量（毫克/100克可食部） | 食物名称 | 含量（毫克/100克可食部） |
| --- | --- | --- | --- |
| 小　米 | 107 | 虾　皮 | 265 |
| 荞　麦 | 258 | 松子仁 | 567 |
| 黄　豆 | 199 | 猪肉(瘦) | 25 |
| 核桃(干) | 131 | 牛肉(瘦) | 21 |
| 花生仁 | 178 | 海带(干) | 129 |

营养师推荐的聪明宝宝营养食谱

## 小米山药粥

**材料：** 小米 50 克，山药 25 克。

**做法：**

❶ 小米淘洗干净；山药削皮洗净，切成小粒。

❷ 锅置火上，放入小米、山药和适量清水煮至粥稠、米烂、山药熟时即可。

**适合月龄：** 8 个月以上的宝宝。

## 小米面馒头

**材料：** 小米面 25 克，面粉 75 克，酵母适量。

**做法：**

❶ 将适量酵母用 35℃的温水溶化并调匀；将面粉和小米面倒入盛器中，淋入酵母水和适量清水揉成光滑的面团。

❷ 将面团平均分成若干小面团后揉成团，醒发 30 分钟后放入锅内，待蒸锅里的水开后再蒸 15~20 分钟即可。

**适合月龄：** 10 个月以上的宝宝。

## 肉末炒玉米

**材料：** 猪瘦肉 25 克，玉米粒 80 克。

**调料：** 葱花、盐、植物油各适量。

**做法：**

❶ 猪瘦肉洗净，切末；玉米粒洗净。

❷ 炒锅置火上，倒入适量植物油，待油温烧至七成热，炒香葱花，放入肉末炒至肉色变白，倒入玉米粒翻炒均匀，加适量清水烧至玉米粒熟透，用适量盐调味即可。

**适合月龄：** 12 个月以上的宝宝。

# 钾　维持神经和肌肉的正常活动

钾有助于维持神经健康，协助肌肉正常收缩，还可帮助输送氧气到脑部，使思路清晰，预防记忆力衰退、痴呆、智力发育障碍等症。

## 钾的来源

钾广泛存在于食物中。畜肉、禽肉、鱼类及新鲜的蔬菜水果都是钾的良好来源。含钾量比较丰富的食物主要有鲢鱼、红豆、黄豆、莴笋、竹笋、芹菜、番茄、土豆、蘑菇、紫菜、香瓜、香蕉、葵花子、红茶。

## 钾缺乏的表现

宝宝体内缺钾时会出现易怒、烦躁、恶心、呕吐、腹泻、低血糖、低血压、浮肿、心跳加速、心跳不规律、心电图异常的情况，还会有体力减弱、容易疲劳、反应迟钝的现象。长期缺钾的宝宝会患低钾血症，肌肉软弱无力、麻木。

### 常见食物钾的含量

| 食物名称 | 含量（毫克/100克可食部） | 食物名称 | 含量（毫克/100克可食部） |
|---|---|---|---|
| 大　米 | 103 | 鸡　蛋 | 121 |
| 小　麦 | 289 | 牛　奶 | 109 |
| 荞　麦 | 401 | 带　鱼 | 280 |
| 苹　果 | 119 | 鲫　鱼 | 290 |
| 香　蕉 | 256 | 牡　蛎 | 200 |
| 核桃(干) | 385 | 猪肉(瘦) | 305 |
| 花生仁 | 587 | 牛肉(瘦) | 284 |
| 黑芝麻 | 358 | 鸡肉(胸脯) | 338 |

# 营养师推荐的聪明宝宝营养食谱

## 香蕉土豆泥

**材料：** 土豆 1/4 个，香蕉 1/3 个。

**调料：** 牛奶适量。

**做法：**

❶ 土豆洗净，蒸熟，去皮，碾成泥；香蕉去皮，碾成泥。

❷ 取小碗，放入土豆泥、香蕉泥，淋入适量牛奶搅拌至糊状即可。

**适合月龄：** 7 个月以上的宝宝。

## 清炒豆角丝

**材料：** 豆角 80 克。

**调料：** 葱末、蒜末、盐、植物油各适量。

**做法：**

❶ 豆角洗净，择净边筋，切细丝。

❷ 炒锅置火上烧热，倒入植物油，炒香葱末、蒜末，放入豆角翻炒均匀，淋入适量清水烧至熟透，加适量盐调味即可。

**适合月龄：** 12 个月以上的宝宝。

## 红枣栗子泥

**材料：** 红枣 3 枚，栗子 3 粒。

**调料：** 牛奶适量。

**做法：**

❶ 红枣洗净，煮熟，去皮和核，碾成泥；栗子洗净，煮熟，去皮，取肉，碾成泥。

❷ 取小碗，放入红枣泥、栗子泥，淋入牛奶搅拌至稀糊状即可。

**适合月龄：** 6 个月以上的宝宝。

# 铜 宝宝智力发育必需的营养素

　　铜是人体必需的微量元素，它在神经组织代谢方面的作用是参与髓鞘的形成。脑中细胞色素C氧化酶、多巴胺－β－羟化酶等均为含铜酶，正常的铜供给才能保证这些酶的活性，脑细胞的功能才能正常发挥，所以铜是宝宝智力发育所必需的营养素。

## 铜的来源

　　食物中铜的丰富来源有动物肝脏、海米、口蘑、芝麻酱、榛子、核桃等；良好来源有蟹肉、鲜蘑菇、香菇、紫菜、蚕豆、青豆、豌豆、绿豆、芸豆、大豆及其制品、燕麦片、面筋、黄酱、黑芝麻、松子、花生米、莲子、栗子；一般来源有番茄酱、海参、香蕉、牛肉、面包、黄油、蛋、鱼、猪肉和禽肉；微量来源有巧克力、木耳、大米、植物油、水果、蔬菜、糖、奶及奶制品。

## 铜缺乏的表现

　　宝宝铜缺乏表现为肤色苍白、头晕、精神萎靡、视力减退、食欲不振、腹泻、肝脾肿大、动作缓慢、反应迟钝，有的宝宝还会患上缺铜性贫血。宝宝缺铜严重时骨骼会出现生长发育不良的情况，如出现骨质疏松、自发性骨折和佝偻病等。

### 常见食物铜的含量

| 食物名称 | 含量（毫克/100克可食部） | 食物名称 | 含量（毫克/100克可食部） |
| --- | --- | --- | --- |
| 黄　豆 | 1.35 | 扁　豆 | 1.27 |
| 黑　豆 | 1.56 | 豇　豆 | 0.13 |
| 青　豆 | 1.38 | 百合(干) | 1.09 |
| 豆腐皮 | 1.86 | 口　蘑 | 5.88 |
| 腐　竹 | 1.31 | 紫菜(干) | 1.68 |
| 绿豆面 | 1.55 | 猕猴桃 | 1.87 |

# 营养师推荐的聪明宝宝营养食谱

## 口蘑蛋黄泥

**材料：** 鸡蛋 1 个，口蘑 2 个。

**做法：**

❶ 鸡蛋洗净，煮熟，去皮，取蛋黄，
碾成泥；口蘑洗净，放入沸水中
煮熟，捞出，剁碎。

❷ 取碗，放入蛋黄泥和剁碎的口蘑搅拌
均匀即可。

**适合月龄：** 7 个月以上的宝宝。

## 碎牡蛎饭

**材料：** 大米 50 克，牡蛎 2 ~ 3 个。

**做法：**

❶ 大米淘洗干净；牡蛎洗净泥沙，
剁碎。

❸ 大米倒入耐热的盛器中，加入适
量清水，放入蒸锅蒸至八成熟，
放入切碎的牡蛎肉蒸至米饭熟透
即可。

**适合月龄：** 10 个月以上的宝宝。

## 鸭肝肉泥

**材料：** 鸭肝、瘦猪肉各 25 克。

**调料：** 盐、芝麻油各适量。

**做法：**

❶ 鸭肝去净筋膜，洗净，煮熟，碾
成泥。

❷ 瘦猪肉洗净，切末，放入耐热的
碗中，送入蒸锅内蒸熟，取出，
加鸭肝泥拌匀即可。

**适合月龄：** 6 个月以上的宝宝。

# 水　生命活动不可缺少的营养素

水能溶解各种营养物质，使脂肪和蛋白质等成为悬浮于水中的胶体状态，促进人体对其吸收，增强脑功能。此外，水在人体的血液和细胞间川流不息，能帮助机体将氧气和营养物质运送到脑部及身体各处，使头脑聪明、身体健康。

## 水的来源

宝宝每天需水量的 60%~70% 来自于饮食，30%~40% 是要靠饮水来补充的。

## 水缺乏的表现

宝宝缺水时，会出现睡眠不安，还会有不明原因的哭闹。在炎热的夏季，还会有体温升高的现象。吃奶期的宝宝会有频繁舔嘴唇的动作。当缺水时间持续较长时，宝宝的尿量会减少，尿液呈黄色，还会伴有便秘现象。

## 水的摄取

1 岁以下的宝宝每日每千克体重需水量为 125~150 毫升。以后每长 3 岁，每日每千克体重需水量减少 25 毫升。

宝宝都比较贪玩，往往顾不上喝水。不要等到宝宝渴极了，才给宝宝喂水。当感到口渴时，宝宝体内的细胞已经脱水了。所以应该让宝宝定时饮水，这样才能保持宝宝体内的水平衡，维护机体正常功能和新陈代谢。

饮料不能代替水。不少妈妈认为饮料的营养多，宝宝也愿意喝，索性多给宝宝喝。实际上，多数饮料中含有添加剂和防腐剂，对宝宝身体有损害。饮料中的糖分也会影响宝宝的食欲，正餐时间不吃饭，时间长了，会让宝宝慢慢变得黄瘦。其实，白开水才是宝宝最好的饮料，它口感清爽、不甜腻、不影响食欲，对宝宝的成长发育非常有好处。

# PART 2

# 聪明宝宝的
# 益智食品

# 大米　促进脑功能发挥

【**性味归经**】性平，味甘，归脾、胃经。

【**营养功效**】大米含有碳水化合物、维生素 $B_1$、维生素 $B_2$、膳食纤维及钙、磷、铁、锌等营养物质，其中尤以碳水化合物的含量最为丰富。碳水化合物是保证智力发育的营养素，当其摄入量不足时血糖浓度会下降，影响脑细胞能量的供给，脑组织会因缺乏能源而使脑细胞功能受损，出现头晕、心悸、出冷汗，从而影响婴幼儿的智力发育。

## 益智关键词：烟酸

烟酸对维系神经系统健康和脑机能正常运作非常重要，可以说烟酸与智力发育关系密切，宝宝缺乏它会影响智力发育，烟酸缺乏严重的宝宝如果治疗不及时可导致智力发育障碍，出现痴呆。

## 食用宜忌

有些人喜欢在煮大米粥时加碱来增加黏稠度，这样做是不好的，因为碱会破坏大米中的 B 族维生素。

捞饭采用的是先煮后蒸的做法，也会使大米中的 B 族维生素大量流失，不建议给宝宝食用。

## 焦点营养素

### 大米营养素含量（以每100克可食部计）

| 营养素名称 | 含量 | 营养素名称 | 含量 |
| --- | --- | --- | --- |
| 蛋白质 | 7.4克 | 维生素$B_1$ | 0.11毫克 |
| 脂肪 | 0.8克 | 维生素$B_2$ | 0.05毫克 |
| 碳水化合物 | 77.9克 | 烟酸 | 1.9毫克 |

# 营养师推荐的聪明宝宝营养食谱

## 南瓜牛奶大米粥

**材料：** 大米 30 克，南瓜 30 克，牛奶 25 克。

**调料：** 香油、白糖各适量。

**做法：**

❶ 大米淘洗干净；南瓜去皮，除瓤和子，洗净，切成块，蒸至熟软，碾成泥。

❷ 锅置火上，放入大米和适量清水煮成烂粥，加入南瓜泥拌匀，淋入适量香油，喜欢甜的可以加适量白糖调成很淡的甜味粥。

**适合月龄：** 6 个月以上的宝宝。

## 大米土豆羹

**材料：** 大米 20 克，土豆 10 克。

**做法：**

❶ 大米洗净，泡 20 分钟，搅拌器磨碎。

❷ 蒸熟土豆，去皮捣碎。

❸ 锅中放入大米和水，大火煮开。

❹ 放入土豆碎，转小火煮烂。

❺ 用过滤网过滤，取汤糊即可。

**适合月龄：** 6 个月以上的宝宝。

# 小米 养心安神，补脑益智

**【性味归经】** 性凉，味甘、咸（陈小米性寒，味苦），归肾、脾、胃经。

**【营养功效】** 小米含有碳水化合物、膳食纤维、维生素 $B_1$、维生素 $B_2$、色氨酸及钙、磷、铁等矿物质，不仅营养丰富，而且其中的色氨酸、磷、铁等营养素具有较好的益智作用，对宝宝的智力发育有益。

## 益智关键词：色氨酸

小米富含色氨酸，色氨酸能促使大脑神经细胞分泌使人欲睡的5-羟色胺，这种物质可帮助宝宝入睡，使宝宝的大脑得到充分的休息。小米是宝宝健脑补脑的有益主食，宝宝经常吃有利于增强智力。

## 食用宜忌

小米宜与大豆或肉类食物混合食用，这是由于小米的氨基酸中缺乏赖氨酸，而大豆和肉类的氨基酸中富含赖氨酸，可以补充小米缺乏赖氨酸的不足。

## 焦点营养素

### 小米营养素含量（以每100克可食部计）

| 营养素名称 | 含量 | 营养素名称 | 含量 |
|---|---|---|---|
| 蛋白质 | 9克 | 烟酸 | 1.5毫克 |
| 脂肪 | 3.1克 | 钙 | 41毫克 |
| 碳水化合物 | 75.1克 | 铁 | 5.1毫克 |
| 胡萝卜素 | 100微克 | 锌 | 1.87毫克 |
| 维生素$B_1$ | 0.33毫克 | 镁 | 107毫克 |
| 维生素$B_2$ | 0.1毫克 | 磷 | 229毫克 |

营养师推荐的聪明宝宝营养食谱

## 红枣小米粥

**材料：**红枣 25 克，小米 40 克，大米 10 克。

**调料：**冰糖适量。

**做法：**

❶ 红枣洗净，煮熟，去皮和核，取肉捣成泥；小米和大米淘洗干净。

❷ 锅置火上，倒入适量清水烧开，放入小米、大米、红枣泥，大火烧至滚沸，再改小火慢慢煮至成稠粥，加冰糖调味即可。

**适合月龄：**7 个月以上的宝宝。

## 鸡肝小米粥

**材料：**鲜鸡肝、小米各 100 克。

**调料：**香葱末、盐各适量。

**做法：**

❶ 鸡肝洗净，切碎；小米淘洗干净，二者一同入锅煮。

❷ 粥煮熟之后，用盐调味，再撒上些香葱末即可。。

**适合月龄：**6 个月以上的宝宝。

# 小麦 使宝宝思维敏捷

【**性味归经**】 性凉，味甘，归心、脾、肾经。

【**营养功效**】 小麦含有蛋白质、糖类、维生素 B₁、维生素 E 和矿物质。小麦粉可养心神、益心力，使人神志清明，思维敏捷；小麦胚芽更是营养素的宝库，尤以所含维生素 E 最为丰富，对保障宝宝的血液、心脏和神经等功能有相当大的补益作用，对脑部及智力发育有益。

## 益智关键词：胆碱

小麦富含胆碱，可增强记忆力，提高儿童智力。

## 食用宜忌

小麦粉不宜用食用碱面（小苏打）发面，不然会破坏面粉中的 B 族维生素，宜用酵母粉发面。

小麦宜与莜麦同食，两者搭配食用可为宝宝补充更全面的营养。

## 焦点营养素

### 小麦营养素含量（以每100克可食部计）

| 营养素名称 | 含量 | 营养素名称 | 含量 |
| --- | --- | --- | --- |
| 蛋白质 | 11.9克 | 烟酸 | 4毫克 |
| 脂肪 | 1.3克 | 钙 | 34毫克 |
| 碳水化合物 | 75.2克 | 铁 | 5.1毫克 |
| 维生素B₁ | 0.4毫克 | 锌 | 2.33毫克 |
| 维生素B₂ | 0.1毫克 | 镁 | 4毫克 |
| 维生素E | 1.82毫克 | 磷 | 325毫克 |

# 营养师推荐的聪明宝宝营养食谱

## 疙瘩汤

**材料：** 面粉 100 克，菠菜叶 50 克，虾仁 4 个，鸡蛋 1 个。

**调料：** 盐、香油各适量。

**做法：**

❶ 面粉倒入盛器中，淋上适量水，搅拌成面疙瘩；菠菜叶择洗干净，切段；虾仁挑净虾线，洗净，切片；鸡蛋洗净，磕入碗中，打散。

❷ 锅置火上，倒适量清水烧沸，下面疙瘩煮至八成熟，放虾仁煮熟，淋入蛋液，搅成蛋花，加菠菜煮 1 分钟，用盐调味，淋上香油即可。

**适合月龄：** 12 个月以上的宝宝。

## 葱油花卷

**材料：** 面粉 50 克，葱 10 克。

**调料：** 花生油、酵母、牛奶各适量。

**做法：**

❶ 将面粉和酵母混匀，加入牛奶揉匀成面团；葱洗净，切成葱花。

❷ 将面团分成 5 等份，压扁，抹上花生油，撒上葱花，做成花卷形状，放入蒸锅，大火将水煮沸后转中火蒸 15 ~ 20 分钟至熟即可。

**适合月龄：** 12 个月以上的宝宝。

# 玉米　增强宝宝脑力

【性味归经】 性平，味甘、淡，归脾、胃经。

【营养功效】 玉米富含碳水化合物、蛋白质和脂肪，维生素的含量丰富，还含有膳食纤维、卵磷脂、镁、硒等营养物质。玉米胚芽中含有的谷氨酸能促进脑细胞代谢，宝宝常吃些玉米可刺激大脑细胞，增强脑力和记忆力。

## 益智关键词：谷氨酸、不饱和脂肪酸

玉米富含谷氨酸，谷氨酸能促进脑细胞代谢，有一定的健脑功能。另外，玉米脂肪中的脂肪酸主要是亚油酸、油酸等不饱和脂肪酸，这些也都是对智力发展有利的营养物质。

## 食用宜忌

玉米宜搭配豆类食用，因为豆类含有蛋白质和钙质，不含胆固醇，但是豆类中缺乏人体必需氨基酸中的蛋氨酸，蛋白质不能被人体完全利用；玉米中蛋氨酸含量丰富，但缺乏豆类中的丝氨酸和赖氨酸，玉米和豆类同食，营养吸收率可显著提高。

## 焦点营养素

### 玉米营养素含量（以每100克可食部计）

| 营养素名称 | 含量 | 营养素名称 | 含量 |
| --- | --- | --- | --- |
| 蛋白质 | 4克 | 维生素$B_2$ | 0.11毫克 |
| 脂肪 | 1.2克 | 烟酸 | 1.8毫克 |
| 碳水化合物 | 22.8克 | 维生素E | 0.46毫克 |
| 膳食纤维 | 2.9克 | 磷 | 117毫克 |
| 维生素$B_1$ | 0.16毫克 | 铁 | 1.1毫克 |

# 营养师推荐的聪明宝宝营养食谱

## 新鲜玉米粥

**材料：** 新鲜玉米棒 1 个。

**做法：**

❶ 玉米棒去玉米皮和玉米须，洗净，用刀削下或用手剥下玉米粒。

❷ 玉米粒放入搅拌机中，加适量清水搅打成玉米汁，用金属网筛过滤掉渣子。

❸ 锅内倒入玉米汁烧开后煮 5～10 分钟即可。

**适合月龄：** 4 个月以上的宝宝。

## 番茄枸杞玉米羹

**材料：** 玉米粒 200 克，番茄 50 克，枸杞子 10 克，鸡蛋 1 个（取蛋清）。

**调料：** 盐 3 克，鸡精、香油、水淀粉、番茄高汤各适量。

**做法：**

❶ 玉米粒洗净；番茄洗净，去蒂、切块；枸杞子洗净；鸡蛋清打匀。

❷ 将汤锅放火上，放番茄高汤和玉米粒煮开，放入番茄块、枸杞子烧开，用水淀粉勾芡，加鸡蛋清搅匀，加盐、鸡精，淋香油即可。

**适合月龄：** 12 个月以上的宝宝。

# 荞麦 提高宝宝智力

【性味归经】 性平，味甘，归脾、胃、大肠经。

【营养功效】 荞麦富含蛋白质、脂肪、膳食纤维、碳水化合物、维生素 $B_1$、维生素 $B_2$、维生素 PP、钙、磷、铁、钠、钾等营养成分。常给宝宝吃些荞麦，不但能增强免疫力，而且能更好地清除体内的垃圾，减少肥胖症的产生。

## 益智关键词：磷

荞麦的含磷量在杂粮中是较高的，磷是组成脑磷脂、卵磷脂的主要成分，对大脑的智力活动有益，有利于宝宝智力的发育。

## 食用宜忌

1. 宝宝不可一次食用太多的荞麦，否则易造成消化不良。

2. 脾胃虚寒、消化功能差、经常腹泻的宝宝不宜食用荞麦。

## 焦点营养素

### 荞麦营养素含量（以每100克可食部计）

| 营养素名称 | 含量 | 营养素名称 | 含量 |
|---|---|---|---|
| 蛋白质 | 9.3克 | 钙 | 47毫克 |
| 脂肪 | 2.3克 | 磷 | 297毫克 |
| 碳水化合物 | 73克 | 钾 | 401毫克 |
| 膳食纤维 | 6.5克 | 镁 | 258毫克 |
| 胡萝卜素 | 20微克 | 铁 | 6.2毫克 |
| 烟　酸 | 2.2毫克 | 锌 | 3.62毫克 |
| 维生素E | 4.4毫克 | | |

# 营养师推荐的聪明宝宝营养食谱

## 荞麦南瓜粥

**材料：** 荞麦 20 克，南瓜 25 克，大米 30 克。

**做法：**

❶ 南瓜去皮，除子，洗净，切小丁；荞麦和大米分别淘洗干净。

❷ 锅置火上，放入荞麦、大米和适量清水大火煮粥，粥沸后转为小火熬煮，待荞麦和大米七成熟时加入南瓜丁，煮至粥稠、米烂、南瓜熟透时关火即可。

**适合月龄：** 12 个月以上的宝宝。

## 素馅荞麦蒸饺

**材料：** 荞麦粉 250 克，鸡蛋 1 个，韭菜 100 克，海米 10 克。

**调料：** 姜末、盐、香油各适量。

**做法：**

❶ 鸡蛋打散搅匀，加盐，放油锅中煎成蛋饼，取出切碎；韭菜洗净，切末；海米泡发，洗净，切末。

❷ 将鸡蛋、海米、韭菜、姜末放盆中，加盐、香油拌匀，调成饺子馅。

❸ 荞麦粉放入盆内，用温水和成软硬适中的面团，擀成饺子皮，包入饺子馅，做成饺子生坯，放入烧开的蒸锅蒸 10 分钟即可。

**适合月龄：** 12 个月以上的宝宝。

# 黄豆 健脑、补钙

【性味归经】 性平，味甘，归脾、大肠经。

【营养功效】 黄豆富含蛋白质、脂肪、B族维生素、维生素E、钙、磷、铁、异黄酮等，黄豆中富含的蛋白质是大脑记忆力、思维能力不可缺少的物质，能够直接帮助大脑从容应对复杂的智力活动。

## 益智关键词：大豆卵磷脂

黄豆含有丰富的大豆卵磷脂，能在人体内释放乙酰胆碱，它是脑神经细胞间传递信息的桥梁，对增强宝宝智力、提高记忆力大有益处。

## 食用宜忌

1.黄豆不宜与猪肝、猪血、虾皮、酸奶、蕨菜同食。

2.最好吃用黄豆做成的豆腐、腐竹、豆浆等豆制品，因为它们比黄豆更易于食用、消化和吸收。

## 焦点营养素

### 黄豆营养素含量（以每100克可食部计）

| 营养素名称 | 含量 | 营养素名称 | 含量 |
| --- | --- | --- | --- |
| 蛋白质 | 35.0克 | 维生素$B_2$ | 0.2毫克 |
| 脂肪 | 16克 | 烟酸 | 2.1毫克 |
| 碳水化合物 | 34.2克 | 维生素E | 18.9毫克 |
| 膳食纤维 | 15.5克 | 钙 | 191毫克 |
| 胡萝卜素 | 220微克 | 磷 | 465毫克 |
| 维生素$B_1$ | 0.41毫克 | 铁 | 8.2毫克 |

营养师推荐的聪明宝宝营养食谱

## 豆腐鸭血汤

**材料**：豆腐 50 克，鸭血 40 克，油菜 25 克。

**调料**：盐、香油各适量。

**做法**：

❶ 豆腐洗净，切丁；鸭血洗净，切丁；油菜择洗干净，切碎。

❷ 锅置火上，放入豆腐、鸭血和适量清水煮熟，放入油菜煮软，加盐，淋入香油即可。

**适合月龄**：7 个月以上的宝宝。

## 南瓜黄豆粥

**材料**：南瓜 80 克，黄豆 15 克，碎米 25 克。

**调料**：橄榄油、盐各适量。

**做法**：

❶ 黄豆洗净泡 30 分钟；南瓜洗净，切块；碎米洗净，加盐和橄榄油，腌 30 分钟以上。

❷ 取压力锅，加腌好的碎米、黄豆、南瓜块和适量清水，大火煮沸 30 分钟转小火煮 10 分钟即可。

**适合月龄**：8 个月以上的宝宝。

# 苹果 宝宝的记忆果

【性味归经】 性凉，味甘、酸，归脾、肺经。

【营养功效】 苹果中富含糖分、维生素、矿物质等大脑所必需的营养素，其中所富含的锌对智力发育非常有益。另外，苹果中所含的磷和铁等营养物质易被肠壁吸收，可起到补脑的作用。

## 益智关键词：锌

苹果富含锌，因为锌是构成与记忆力息息相关的核酸、蛋白质不可缺少的元素，所以苹果有"记忆果"之称。

## 食用宜忌

1. 饭后不要马上吃苹果，因为这样不但无助于消化，还容易造成胀气。

2. 苹果宜现吃现切，放置时间长不仅会氧化变黑，而且营养素会损失。

## 焦点营养素

### 苹果营养素含量（以每100克可食部计）

| 营养素名称 | 含量 | 营养素名称 | 含量 |
| --- | --- | --- | --- |
| 蛋白质 | 0.2克 | 维生素E | 2.12毫克 |
| 脂肪 | 0.2克 | 钙 | 1.53毫克 |
| 碳水化合物 | 13.5克 | 磷 | 12毫克 |
| 膳食纤维 | 1.2克 | 钾 | 119毫克 |
| 胡萝卜素 | 20微克 | 镁 | 4毫克 |
| 维生素C | 4毫克 | 锌 | 0.19毫克 |

# 营养师推荐的聪明宝宝营养食谱

## 苹果汁

**材料：** 苹果 1 个。

**调料：** 白糖适量。

**做法：**

❶ 苹果洗净，去蒂和皮，除核，切丁。

❷ 将苹果丁放入榨汁机中榨成汁，加适量白糖调味即可。

**适合月龄：** 4 个月以上的宝宝。

## 苹果沙拉

**材料：** 苹果 50 克，橙子 1 瓣，葡萄干 5 克，酸奶 15 克。

**做法：**

❶ 大苹果洗净后去皮、核，切小丁；葡萄干泡软；橙子去皮、核，切小块，将苹果丁、葡萄干、橙子丁一起盛在盘子里。

❷ 把酸奶倒入水果盘里搅拌均匀。

**适合月龄：** 12 个月以上的宝宝。

# 樱桃 益智、养血

**【性味归经】** 性温，味甘，归脾、肝经。

**【营养功效】** 樱桃富含维生素 A、B 族维生素、维生素 C 及钙、磷、铁等营养成分。樱桃中富含的铁可促进血液生成，有效对抗缺铁性贫血。

## 益智关键词：铁

樱桃富含铁，铁是宝宝健脑、益智不可缺少的成分。中医认为，樱桃有养血、补益肝肾、健脑益智的功效。

## 食用宜忌

1. 脾虚和爱腹泻的宝宝宜常吃些樱桃，可起到食疗保健作用。

2. 喉咙肿痛、便秘的宝宝不宜吃樱桃，以免使症状加重。

3. 樱桃给宝宝食用前宜用淡盐水浸泡 5~10 分钟，可有效去除果皮表面的农药残留。

## 焦点营养素

### 樱桃营养素含量（以每100克可食部计）

| 营养素名称 | 含量 | 营养素名称 | 含量 |
| --- | --- | --- | --- |
| 蛋白质 | 1.1克 | 钙 | 11毫克 |
| 脂肪 | 0.2克 | 磷 | 27毫克 |
| 碳水化合物 | 10.2克 | 钾 | 232毫克 |
| 胡萝卜素 | 210微克 | 镁 | 12毫克 |
| 维生素C | 10毫克 | 铁 | 0.4毫克 |
| 维生素E | 2.22毫克 | | |

# 营养师推荐的聪明宝宝营养食谱

## 鲜果沙拉

**材料：** 樱桃 5 粒，猕猴桃、香蕉各半个，酸奶 100 克。

**做法：**

❶ 将樱桃放入淡盐水中浸泡5~10分钟，洗净，去核，切丁；猕猴桃洗净，去皮，切丁；香蕉去皮，切丁。

❷ 取碗，放入樱桃、猕猴桃、香蕉，淋入酸奶拌匀即可。

**适合月龄：** 12 个月以上的宝宝。

## 樱桃苹果汁

**材料：** 樱桃 30 克，苹果 150 克，柠檬 30 克。

**调料：** 冰糖适量。

**做法：**

❶ 樱桃洗净，切两半，去核；苹果洗净，去皮、核，切小块；柠檬洗净，去皮、核。

❷ 将上述食材倒入全自动豆浆机中，加入适量凉饮用水，按下"果蔬汁"键，搅打均匀后倒入杯中，加入适量冰糖即可食用。

**适合月龄：** 8 个月以上的宝宝。

# 荔枝 补充能量

【性味归经】 性温，味甘、酸，归心、脾、肝经。

【营养功效】 荔枝富含果糖、蔗糖、苹果酸、柠檬酸、果胶、多种维生素、游离氨基酸及铁、磷等营养物质。常给宝宝吃些荔枝，能够促进血液循环、解毒、增强身体的抗病能力。

## 益智关键词：葡萄糖、蔗糖

荔枝果肉中富含葡萄糖、蔗糖，具有补充能量、增加营养的作用，医学研究证实，荔枝的这些营养素对大脑组织有补养作用，具有益智补脑的功效。

## 食用宜忌

1. 贫血、胃寒的宝宝适宜常吃些荔枝，可收到较好的补益效果。

2. 宝宝不宜一次食用太多的荔枝，不然会出现口渴、出汗、头晕、腹泻等不适症状。

## 焦点营养素

### 荔枝营养素含量（以每100克可食部计）

| 营养素名称 | 含量 | 营养素名称 | 含量 |
|---|---|---|---|
| 蛋白质 | 0.9克 | 钙 | 2毫克 |
| 脂肪 | 0.2克 | 磷 | 24毫克 |
| 碳水化合物 | 16.6克 | 钾 | 151毫克 |
| 维生素A | 2微克 | 镁 | 12毫克 |
| 胡萝卜素 | 10微克 | 铁 | 0.4毫克 |
| 维生素C | 41毫克 | 锌 | 0.17毫克 |

营养师推荐的聪明宝宝营养食谱

## 山楂荔枝红糖汤

**材料：** 山楂肉、荔枝肉各 50 克，桂圆肉 20 克，枸杞子 5 克。

**调料：** 红糖适量。

**做法：**

❶ 山楂肉、荔枝肉洗净；桂圆肉稍浸泡后洗净；枸杞子稍泡洗净，捞出沥水。

❷ 锅置火上，倒入适量清水，放入山楂肉、荔枝肉、桂圆肉，大火煮沸后改小火煮约 20 分钟，加入枸杞子继续煮约 5 分钟，加入红糖拌匀即可。

**适合月龄：** 12 个月以上的宝宝。

## 荔枝扁豆汤

**材料：** 荔枝 10 颗，扁豆 20 克。

**做法：**

❶ 荔枝去皮、核；扁豆清洗干净。

❷ 锅置火上，加入适量清水烧开，放入扁豆煮至九成熟，加荔枝肉煮至扁豆熟透，喝汤、吃荔枝肉和扁豆即可。

**适合月龄：** 2 岁以上的宝宝。

# 红枣 健脑益智又补血

【性味归经】 性平、温，味甘，归脾、胃经。

【营养功效】 红枣营养丰富，含有蛋白质、糖类、维生素和矿物质等，是宝宝理想的保健食品。因为铁是红枣中突出的营养成分，所以红枣是预防宝宝贫血的理想食物。宝宝常吃些红枣还能增强免疫力。

## 益智关键词：叶酸、锌

红枣中富含叶酸，叶酸参与血细胞的生成，能促进宝宝神经系统的发育。而且红枣中含有微量元素锌，有利于宝宝的大脑发育，促进宝宝的智力发展。

## 食用宜忌

1. 枣皮中含有丰富的营养成分，炖汤或煮粥时应连皮一起烹调，可有效吸收营养。
2. 服用退烧药的宝宝忌食红枣。
3. 龋齿疼痛、下腹胀满的宝宝不宜吃红枣。
4. 宝宝一次不宜吃红枣过多，不然会出现胃酸过多、腹胀等不适感。

## 焦点营养素

### 红枣（干）营养素含量（以每100克可食部计）

| 营养素名称 | 含量 | 营养素名称 | 含量 |
|---|---|---|---|
| 蛋白质 | 2.1克 | 维生素c | 7毫克 |
| 碳水化合物 | 81.1克 | 钙 | 54毫克 |
| 膳食纤维 | 9.5克 | 镁 | 39毫克 |
| 烟　酸 | 1.6毫克 | 铁 | 2.1毫克 |

# 营养师推荐的聪明宝宝营养食谱

## 山楂红枣汁

**材料：** 山楂、红枣各 100 克。

**调料：** 冰糖适量。

**做法：**

❶ 山楂洗净，去核，切碎；红枣洗净，去核，切碎。

❷ 将山楂、红枣放入果汁机中搅打，打好后倒入杯中，加入冰糖调匀即可。

**适合月龄：** 7 个月以上的宝宝。

## 红枣粟米羹

**材料：** 粟米羹罐头 1 盒，红枣 4 个，鸡蛋 1 个。

**调料：** 水淀粉适量。

**做法：**

❶ 红枣洗净，去核；鸡蛋打入碗中，打散。

❷ 锅内倒水煮沸，将粟米羹加入，煮沸，撇去浮沫，加入红枣略煮，淋入打散的鸡蛋液，随即加水淀粉勾芡即可。

**适合月龄：** 7 个月以上的宝宝。

# 桂圆 益智、健脑

【性味归经】性温，味甘，归心、脾经。

【营养功效】桂圆含有蛋白质、脂肪、葡萄糖、B族维生素及钙、磷、铁、镁等矿物质。桂圆不但能促进宝宝的生长发育、为宝宝提供能量，还能促进血红蛋白生成，起到补血的作用。

## 益智关键词：酒石酸、腺嘌呤、胆碱

桂圆含有酒石酸、腺嘌呤、胆碱，具有益智、健脑的功效。《本草纲目》中记载"食品以荔枝为贵，而资益则以龙眼为良"，认为桂圆有良好的滋补、益智功效。

## 食用宜忌

桂圆易生内热，虚火旺盛、风寒感冒、消化不良、内有湿滞、炎症或痰火的宝宝不宜食用。

## 焦点营养素

### 桂圆营养素含量（以每100克可食部计）

| 营养素名称 | 含量 | 营养素名称 | 含量 |
| --- | --- | --- | --- |
| 蛋白质 | 1.2克 | 钙 | 6毫克 |
| 脂肪 | 0.1克 | 磷 | 30毫克 |
| 碳水化合物 | 16.6克 | 钾 | 248毫克 |
| 膳食纤维 | 0.4克 | 镁 | 10毫克 |
| 维生素$B_2$ | 0.14毫克 | 铁 | 0.2毫克 |
| 烟酸 | 1.3毫克 | 硒 | 0.83微克 |
| 维生素C | 43毫克 | | |

# 营养师推荐的聪明宝宝营养食谱

## 桂圆粥

**材料：** 大米 30 克，桂圆 10 个。

**调料：** 白糖适量。

**做法：**

❶ 大米淘洗干净；桂圆剥去壳，取肉洗净。

❷ 锅内加适量清水置火上，放入大米和桂圆肉中火煮沸，转小火煮至米粒熟烂、米汤黏稠，用白糖调味即可。

**适合月龄：** 12 个月以上的宝宝。

## 桂圆红枣豆浆

**材料：** 黄豆 60 克，桂圆 15 克，红枣 50 克。

**做法：**

❶ 黄豆用清水浸泡 8 ~ 12 小时，洗净；桂圆去壳、核；红枣洗净，去核，切碎。

❷ 把上述食材一同倒入全自动豆浆机中，加水至上、下水位线之间，按下"豆浆"键，煮至豆浆机提示豆浆做好即可。

# 核桃 健脑的益智果

**【性味归经】** 性温，味甘，归肾、肺、大肠经。

**【营养功效】** 核桃富含脂肪、蛋白质、B 族维生素、维生素 E、磷脂及钙、铁等营养物质。其中磷脂对脑神经有较好的保健作用，B 族维生素和维生素 E 能健脑、增强记忆力。

## 益智关键词：亚麻酸

核桃富含亚麻酸，亚麻酸进入人体后会转变成 DHA，DHA 是宝宝大脑智力发育的重要营养素。常给宝宝吃些核桃，可起到营养大脑、增强记忆力等作用。

## 食用宜忌

1. 核桃不宜一次给宝宝吃得过多，因其含有较多油脂，吃多了会影响消化，易致腹泻。

2. 给宝宝吃核桃时，不要把核桃仁表面的褐色薄皮剥掉，这样会损失其中的一部分营养。

3. 尽量不要购买白净漂亮的核桃，这种核桃很可能是用硫黄熏蒸，或是用双氧水泡过的。而硫黄和双氧水都是国家明令禁止在食品加工过程中使用的有害物质。

## 焦点营养素

### 核桃营养素含量（以每100克可食部计）

| 营养素名称 | 含量 | 营养素名称 | 含量 |
|---|---|---|---|
| 蛋白质 | 14.9克 | 维生素E | 43.21毫克 |
| 脂肪 | 58.8克 | 铁 | 2.7毫克 |
| 碳水化合物 | 19.1克 | 硒 | 4.62微克 |

# 营养师推荐的聪明宝宝营养食谱

## 核桃粥

**材料：** 大米 30 克，核桃仁 15 克。

**做法：**

❶ 大米淘洗干净；核桃仁挑去杂质，洗净，沥干水分。

❷ 无油无水的炒锅置火上，放入核桃仁炒熟，盛出，晾凉，擀碎。

❸ 锅置火上，放入大米和适量清水煮成烂粥，撒上碎核桃搅匀，晾至温热给宝宝喂食即可。

**适合月龄：** 9 个月以上的宝宝。

## 核桃奶酪

**材料：** 鲜奶 150 毫升，核桃仁 15 克。

**调料：** 白糖、琼脂各适量。

**做法：**

❶ 无油无水的炒锅置火上，放入核桃仁炒熟，盛出，晾凉，擀碎。

❷ 鲜奶用小火加热，加入适量白糖和琼脂，搅匀。

❸ 冷却后放入核桃碎，冷藏 1 小时即可。

**适合月龄：** 12 个月以上的宝宝。

# 花生仁 增强记忆力

【性味归经】 性平，味甘，归肺、脾经。

【营养功效】 花生仁含有蛋白质、脂肪、维生素 $B_1$、维生素 $B_2$、维生素 E、谷氨酸、天门冬氨酸、胆碱等营养素。花生仁的蛋白质属于优质蛋白质，含有人体必需的8种氨基酸，极易被宝宝吸收和利用，能促进生长发育、增强记忆、强化脑功能，对宝宝的智力发育有益。

## 益智关键词：谷氨酸、天门冬氨酸、维生素E

花生仁中含有的谷氨酸和天门冬氨酸可促使宝宝的脑细胞发育并增强记忆力，维生素 E 能增强宝宝的脑功能。

## 食用宜忌

1. 食用花生仁时不宜去皮，因为花生衣不但能养血、补血，而且还能使宝宝的头发乌黑。

2. 一定不要给宝宝食用霉变的花生，因花生霉变后含有大量的致癌物质——黄曲霉素，食用会对宝宝的健康不利。

## 焦点营养素

### 花生仁营养素含量（以每100克可食部计）

| 营养素名称 | 含量 | 营养素名称 | 含量 |
| --- | --- | --- | --- |
| 蛋白质 | 24.8克 | 烟酸 | 17.9毫克 |
| 脂肪 | 44.3克 | 维生素E | 18.09毫克 |
| 碳水化合物 | 21.7克 | 铁 | 2.1毫克 |
| 膳食纤维 | 5.5克 | 锌 | 2.5毫克 |

# 营养师推荐的聪明宝宝营养食谱

## 牛奶花生粥

**材料：** 大米 50 克，花生米 25 克，牛奶 250 克。

**做法：**

❶ 大米洗净，用清水泡软；花生米挑去杂质，洗净，用清水泡软，连皮放入搅拌机中加水搅成花生浆。

❷ 锅内倒入大米、花生浆和适量清水大火烧沸，转小火煮至米粒熟软的烂粥，加入牛奶略煮即可。

**适合月龄：** 6 个月以上的宝宝。

## 花生排骨汤

**材料：** 花生米 50 克，排骨 200 克。

**调料：** 盐 2 克。

**做法：**

❶ 排骨洗净，剁成块；花生米用清水浸泡洗净。

❷ 花生米和排骨一起放入煲内，慢火煮 1 小时。

❸ 调入盐即可。

**适合月龄：** 12 个月以上的宝宝。

# 栗子 有助智力发育

**【性味归经】** 性温，味甘，归脾、胃、肾经。

**【营养功效】** 栗子含有蛋白质、不饱和脂肪酸、B 族维生素和矿物质。宝宝常吃些栗子能补脾健胃，还能维持牙齿、骨骼、血管、肌肉的正常功能，预防宝宝口舌生疮。

## 益智关键词：磷

栗子含有较丰富的磷，磷是宝宝脑力活动中的重要元素之一，还是构成卵磷脂、脑磷脂等有助于宝宝智力发育营养素的重要成分，对维护宝宝大脑和神经细胞的结构与功能起着十分重要的作用。

## 食用宜忌

1. 栗子不宜生食。

2. 脾胃虚弱、消化不良的宝宝一次不宜吃太多的栗子，不然会出现胃脘饱胀的不适感。

3. 栗子宜与大米一同熬煮成粥，不但能增进宝宝的食欲，而且可健脾强胃。

## 焦点营养素

### 栗子营养素含量（以每100克可食部计）

| 营养素名称 | 含量 | 营养素名称 | 含量 |
| --- | --- | --- | --- |
| 蛋白质 | 4.2克 | 维生素C | 24毫克 |
| 脂肪 | 0.7克 | 维生素E | 4.56毫克 |
| 碳水化合物 | 42.2克 | 钙 | 17毫克 |
| 胡萝卜素 | 190微克 | 磷 | 89毫克 |

营养师推荐的聪明宝宝营养食谱

## 栗子蔬菜粥

**材料：**大米 30 克，栗子 10 克，油菜叶、玉米各 5 克。

**做法：**

❶ 大米洗净，浸泡半小时。

❷ 栗子去皮，捣碎；油菜叶切成小碎片；玉米洗净，用开水烫一下后切碎。

❸ 将大米、栗子碎和玉米碎放入锅中，加适量清水，大火煮开，转小火煮熟，放油菜片煮开即可。

**适合月龄：**12 个月以上的宝宝。

## 栗子稀饭

**材料：**栗子 100 克，大米 60 克。

**做法：**

❶ 栗子去壳剥皮，大米用清水泡 10 分钟。

❷ 栗子与大米一起放入锅中，加清水熬成稀饭。

**适合月龄：**6 个月以上的宝宝。

# 黑芝麻 天然的益智品

【性味归经】 性平，味甘，归肝、肾、肺、脾经。

【营养功效】 黑芝麻富含蛋白质、不饱和脂肪酸、维生素 $B_1$、维生素 E、卵磷脂、钙、磷、铁等营养物质，常吃些芝麻对宝宝的大脑及智力发育有好处，同时也能预防并减轻宝宝的过敏症状，还能让宝宝拥有乌黑的头发。

## 益智关键词：氨基酸

黑芝麻含有多种人体必需氨基酸，它们是构成脑神经细胞的主要成分。宝宝常吃些芝麻对大脑发育非常有好处。

## 食用宜忌

黑芝麻有润肠通便的作用，有慢性肠炎、便溏腹泻的宝宝忌吃芝麻。

黑芝麻宜碾碎后给宝宝食用，因为芝麻外面包有一层稍硬的膜，把它碾碎才能使宝宝吸收到营养。

## 焦点营养素

### 黑芝麻营养素含量（以每100克可食部计）

| 营养素名称 | 含量 | 营养素名称 | 含量 |
|---|---|---|---|
| 蛋白质 | 19.1克 | 钙 | 780毫克 |
| 脂肪 | 46.1克 | 磷 | 516毫克 |
| 碳水化合物 | 24克 | 钾 | 358毫克 |
| 膳食纤维 | 14克 | 镁 | 290毫克 |
| 烟酸 | 5.9毫克 | 铁 | 22.7毫克 |
| 维生素E | 50.4毫克 | 锌 | 6.13毫克 |

# 营养师推荐的聪明宝宝营养食谱

## 黑芝麻糊

**材料：** 黑芝麻 25 克，大米 20 克。

**调料：** 白糖适量。

**做法：**

❶ 黑芝麻放入无油无水的炒锅中炒香，盛出，晾凉；大米放入无油无水的锅中炒至色泽微黄，盛出，晾凉。

❷ 将炒过的黑芝麻、大米放入搅拌机中的干磨杯里，加一点白糖搅拌成细粉，倒入碗中，冲入适量热水冲调成糊状即可。

**适合月龄：** 6 个月以上的宝宝。

## 黑芝麻地瓜饮

**材料：** 黑芝麻 20 克，红心地瓜 1 块。

**调料：** 黄豆粉、糖各适量。

**做法：**

❶ 地瓜洗净，蒸熟，切丁。

❷ 将黑芝麻、地瓜丁、黄豆粉放入果汁机中，加适量热水，打碎成汁。

❸ 加入适量糖搅匀即可。

**适合月龄：** 6 个月以上的宝宝。

# 松子　促进大脑发育

【性味归经】 性温，味甘，归肝、肺、大肠经。

【营养功效】 松子含有丰富的脂肪，可以润滑宝宝的肠道，促进排便；松子含有的维生素E对宝宝的头发和皮肤有较好的滋养作用；松子还含有丰富的钙、钾、磷、铁等营养物质，能强壮宝宝的筋骨。

## 益智关键词：磷脂、不饱和脂肪酸、多种维生素、多种矿物质

松子含有的磷脂、不饱和脂肪酸、多种维生素和矿物质，可以促进宝宝大脑发育，修复损伤组织，对宝宝的大脑和神经有较好的补益作用。

## 食用宜忌

1. 松子仁富含油脂，胆功能不好的宝宝应慎食；大便稀的宝宝忌食。

2. 存放时间长的松子会产生哈喇味，表明其所含有的油脂已经氧化变质，不宜给宝宝食用。

## 焦点营养素

### 松子营养素含量（以每100克可食部计）

| 营养素名称 | 含量 | 营养素名称 | 含量 |
| --- | --- | --- | --- |
| 蛋白质 | 12.6克 | 烟酸 | 3.8毫克 |
| 脂肪 | 62.6克 | 维生素E | 34.48毫克 |
| 碳水化合物 | 19克 | 钙 | 3毫克 |
| 膳食纤维 | 12.4克 | 磷 | 620毫克 |
| 胡萝卜素 | 40微克 | 钾 | 184毫克 |

# 营养师推荐的聪明宝宝营养食谱

## 松仁豆腐

**材料：**北豆腐 150 克，松子仁 25 克。

**调料：**葱末、盐、植物油各适量。

**做法：**

❶ 北豆腐洗净，切块；松子仁放入无油无水的炒锅中炒熟，盛出，晾凉。

❷ 炒锅置火上，倒入适量植物油，待油温烧至七成热，炒香葱末，倒入豆腐块和熟松子仁翻炒均匀，用盐调味即可。

**适合月龄：**12 个月以上的宝宝。

## 松仁玉米

**材料：**嫩玉米粒 200 克，黄瓜丁 50 克，去皮松仁 30 克。

**调料：**盐 4 克，白糖 5 克，水淀粉 10 克。

**做法：**

❶ 玉米粒洗净，焯水，捞出；松仁炸香，捞出。

❷ 油锅烧热，放玉米、黄瓜丁炒熟，加盐、白糖，用水淀粉勾芡，加松仁即可。

**适合月龄：**12 个月以上的宝宝。

# 猪肉 补虚强身

【性味归经】性平，味甘、咸，归脾、胃、肾经。

【营养功效】猪肉富含蛋白质、脂肪、维生素 $B_1$、维生素 $B_2$、维生素 $B_{12}$ 及钙、磷、锌、铁等营养物质。其中锌、铁等营养成分是宝宝生长发育不可缺少的。另外，猪肉含有的铁易于被宝宝吸收，可预防缺铁性贫血。

## 益智关键词：锌、铜

猪肉含有的锌可增强宝宝的智力和记忆力，宝宝在脑细胞发育的关键时刻缺锌会影响脑的功能；猪肉中含有的铜是宝宝智力发育不可缺少的元素。

## 食用宜忌

不宜给宝宝食用炒煳或炒焦了的猪肉，因为其中含有致癌物质。

## 焦点营养素

### 猪肉营养素含量（以每100克可食部计）

| 营养素名称 | 含量 | 营养素名称 | 含量 |
|---|---|---|---|
| 蛋白质 | 20.3克 | 磷 | 189毫克 |
| 脂肪 | 6.2克 | 钾 | 305毫克 |
| 碳水化合物 | 1.5克 | 镁 | 25毫克 |
| 维生素A | 44微克 | 铁 | 3毫克 |
| 烟酸 | 5.3毫克 | 锌 | 2.99毫克 |
| 钙 | 6毫克 | 硒 | 9.5微克 |

# 营养师推荐的聪明宝宝营养食谱

## 肉末蛋羹

**材料：**鸡蛋 1 个，瘦猪肉 25 克。

**调料：**葱末、酱油、植物油各适量。

**做法：**

❶ 鸡蛋洗净，磕入碗中，打散，加适量清水搅拌均匀，送入蒸锅内，水开后蒸 8 分钟，取出。

❷ 瘦猪肉洗净，剁成肉末；炒锅置火上烧热，倒入适量植物油，炒香葱末，放入肉末煸熟，淋入适量酱油翻炒均匀，盛在蒸好的蛋羹上即可。

**适合月龄：**12 个月以上的宝宝。

## 菠菜猪瘦肉粥

**材料：**菠菜 50 克，猪肉 60 克，白粥 1 碗。

**调料：**香油少许。

**做法：**

❶ 菠菜洗净，焯水，切成小段；猪肉洗净，切小片。

❷ 待锅内白粥煮开后，放入猪肉片，稍煮至变色，加菠菜段，煮熟后放入香油，煮开即可。

**适合月龄：**12 个月以上的宝宝。

# 猪肝 补血、明目

【性味归经】 性温，味甘、苦，归肝经。

【营养功效】 猪肝中含有丰富的维生素A、维生素B$_2$和矿物质硒等营养成分。宝宝常吃些猪肝能补血、保护眼睛、维护视力、维持肤色的健康。

## 益智关键词：谷氨酸

鲜猪肝中富含谷氨酸，谷氨酸有很好的健脑作用，可增强记忆力。另外，谷氨酸能改善大脑机能，对某些痴呆病有预防作用。

## 食用宜忌

1. 气血虚弱、面色萎黄、缺铁性贫血的宝宝宜常吃些猪肝。

2. 切忌给宝宝一次吃太多的猪肝，以免导致维生素A中毒。

3. 给宝宝吃猪肝的同时最好搭配食用一些大豆及豆制品，可减少宝宝身体对猪肝中胆固醇的吸收。

4. 猪肝忌与鱼肉搭配烹调。

## 焦点营养素

### 猪肝营养素含量（以每100克可食部计）

| 营养素名称 | 含量 | 营养素名称 | 含量 |
|---|---|---|---|
| 蛋白质 | 19.3克 | 维生素B$_2$ | 2.08毫克 |
| 脂肪 | 3.5克 | 烟酸 | 15毫克 |
| 碳水化合物 | 5克 | 维生素C | 20毫克 |
| 维生素A | 4972微克 | 钙 | 6毫克 |
| 维生素B$_1$ | 0.21毫克 | 磷 | 310毫克 |

# 营养师推荐的聪明宝宝营养食谱

## 猪肝胡萝卜粥

**材料：** 大米 50 克，猪肝 15 克，胡萝卜 15 克。

**调料：** 香油适量。

**做法：**

❶ 大米淘洗干净；猪肝去净筋膜，洗净；胡萝卜洗干净；猪肝和胡萝卜分别煮熟，取出，捣成泥。

❷ 锅置火上，放入大米和适量清水煮至米粒熟软的烂粥，加入猪肝泥和胡萝卜泥拌匀，淋上适量香油即可。

**适合月龄：** 8 个月以上的宝宝。

## 猪肝白菜汤

**材料：** 猪肝 50 克，白菜叶 30 克。

**调料：** 姜、葱、盐、植物油、水淀粉各适量。

**做法：**

❶ 白菜叶洗净；姜、葱取汁；猪肝洗净，切片；猪肝加盐、葱姜汁、水淀粉抓匀上浆。

❷ 锅内倒油烧热，加入白菜叶及少量盐翻炒，然后加清水烧开，放入猪肝煮熟，加盐调味即可。

**适合月龄：** 6 个月以上的宝宝。

# 牛肉　强健筋骨

【**性味归经**】 性平，味甘，归脾、胃经。

【**营养功效**】 牛肉富含人体必需的氨基酸、维生素A、维生素$B_1$、维生素$B_6$、维生素$B_{12}$及铁、锌、磷等营养物质。牛肉中氨基酸的比值和人体蛋白质中氨基酸的比值几乎完全一致，更有利于宝宝消化吸收，从而促进生长发育。宝宝吃牛肉比吃富含铁的植物性食物对铁的吸收率要高，可促进生长发育，提高对疾病的抵抗力，预防缺铁性贫血。

## 益智关键词：牛磺酸

牛肉含有促进宝宝大脑和神经细胞发育的牛磺酸，牛磺酸对婴幼儿脑细胞及智力发育有重要作用，适量补充牛磺酸对促进婴幼儿脑组织和智力发育有益。

## 食用宜忌

牛肉是发物，患有湿疹等皮肤病的宝宝不宜食用；患有肾炎、肝炎的宝宝应慎食，以免使病情加重。

## 焦点营养素

### 牛肉营养素含量（以每100克可食部计）

| 营养素名称 | 含量 | 营养素名称 | 含量 |
|---|---|---|---|
| 蛋白质 | 20.2克 | 钙 | 9毫克 |
| 脂肪 | 2.3克 | 磷 | 172毫克 |
| 碳水化合物 | 1.2克 | 钾 | 284毫克 |
| 维生素A | 6微克 | 镁 | 21毫克 |
| 烟酸 | 6.3毫克 | 铁 | 2.8毫克 |

营养师推荐的聪明宝宝营养食谱

## 牛肉菠菜粥

**材料：** 大米 50 克，牛肉 15 克，菠菜 15 克。

**调料：** 香油适量。

**做法：**

❶ 大米淘洗干净；牛肉洗净，剁成肉泥；菠菜择洗干净，放入沸水中焯烫 30 秒，捞出，沥干水分，切末。

❷ 锅置火上，放入大米、牛肉和适量清水煮成米粒和牛肉熟透的烂粥，加菠菜末拌匀，淋入香油即可。

**适合月龄：** 8 个月以上的宝宝。

## 西湖牛肉羹

**材料：** 牛肉碎、豆腐、菜心、草菇各适量，鸡蛋 1 个。

**调料：** 胡椒粉、盐、料酒、水淀粉、香菜、香油各适量。

**做法：**

❶ 牛肉碎用热水焯一下，捞出沥干；豆腐、菜心、草菇切小丁；鸡蛋取蛋清，打匀。

❷ 锅内放水，加入备好的材料。大火煮开，放入胡椒粉、盐、料酒。开盖倒入少量水淀粉，勾芡。加入蛋清，迅速搅拌，使蛋清成飞絮状，撒香菜叶、香油即可。

**适合月龄：** 8 个月以上的宝宝。

# 鸡肉 提高脑细胞活力

**【性味归经】** 性平、温，味甘，归脾、胃经。

**【营养功效】** 鸡肉含有蛋白质、不饱和脂肪酸、B族维生素及铁、锌、磷、钾等矿物质。宝宝常吃些鸡肉，可增强体力、强壮身体、提高免疫力。

## 益智关键词：蛋白质

鸡肉富含优质蛋白质。蛋白质是构成脑细胞和脑细胞代谢的重要营养物质，可以营养脑细胞，提高脑细胞活力，保持旺盛的记忆力，加强注意力和理解能力。鸡肉中的优质蛋白质可促进宝宝大脑的健康发育。

## 食用宜忌

烹调鸡肉时不宜放花椒、大料等香味较浓郁的调料，不然会掩盖鸡肉的鲜味。营养不良、消化道溃疡、慢性胃炎、病后虚弱的宝宝适宜食用鸡肉。

## 焦点营养素

### 鸡肉营养素含量（以每100克可食部计）

| 营养素名称 | 含量 | 营养素名称 | 含量 |
|---|---|---|---|
| 蛋白质 | 19.4克 | 钙 | 3毫克 |
| 脂肪 | 5克 | 磷 | 214毫克 |
| 碳水化合物 | 2.5克 | 钾 | 338毫克 |
| 维生素A | 16微克 | 镁 | 28毫克 |
| 烟酸 | 10.8毫克 | 硒 | 10.5微克 |

# 营养师推荐的聪明宝宝营养食谱

## 苹果炒鸡柳

**材料：** 鸡肉 300 克，苹果 1 个。

**调料：** 姜丝、蒜末、葱花各 5 克，盐 3 克，花椒油 1 克，水淀粉适量。

**做法：**

❶ 苹果去皮，切粗条浸在盐水中，以避免变黑。

❷ 鸡肉洗净切粗条，用盐、水淀粉、花椒油调制的腌料腌 15 分钟，然后放沸水中烫至将熟。

❸ 锅置火上，放入油爆炒姜丝、葱花、蒜末，下鸡肉、苹果炒几分钟，加入盐稍炒，装盘即可。

**适合月龄：** 12 个月以上的宝宝。

## 香菇鸡肉粥

**材料：** 鲜香菇 2 朵，鸡胸肉 15 克，大米 50 克。

**调料：** 盐、香油各适量。

**做法：**

❶ 鲜香菇去柄，洗净，放入沸水中焯烫，取出切末；鸡胸肉洗净，切末；大米淘洗干净。

❷ 锅内加适量清水置火上，放入香菇末、鸡肉末和大米中火煮沸，转小火煮至黏稠，加适量盐调味，淋上香油即可。

**适合月龄：** 12 个月以上的宝宝。

# 鸡蛋 物美价廉的营养库

**【性味归经】** 性平，味甘，归心、脾、胃、肾经。

**【营养功效】** 鸡蛋含有丰富的、易被宝宝身体吸收的卵磷脂、不饱和脂肪酸和钾、钠、镁、磷等矿物质，还含有维生素 A、维生素 $B_2$、维生素 $B_6$、维生素 D、维生素 E 等营养成分。鸡蛋能为宝宝补充全面的营养，堪称物美价廉的婴幼儿营养库。

## 益智关键词：卵磷脂、DHA

鸡蛋黄中富含卵磷脂和 DHA，能促进宝宝脑部的发育，有增强记忆力、健脑益智的功效。

## 食用宜忌

1. 宝宝能吃全蛋以后，最好让宝宝既吃蛋白也吃蛋黄，蛋白和蛋黄搭配食用，能让宝宝更好地吸收利用鸡蛋中的营养。

2. 有过敏症状的宝宝需长至 8 个月后才能吃蛋白。

## 焦点营养素

### 鸡蛋营养素含量（以每100克可食部计）

| 营养素名称 | 含量 | 营养素名称 | 含量 |
|---|---|---|---|
| 蛋白质 | 12.8克 | 钙 | 44毫克 |
| 脂肪 | 11.1克 | 磷 | 182毫克 |
| 碳水化合物 | 1.3克 | 钾 | 121毫克 |
| 维生素A | 194微克 | 镁 | 11毫克 |
| 维生素E | 2.29毫克 | 铁 | 2.3毫克 |

# 营养师推荐的聪明宝宝营养食谱

## 鸡蛋玉米羹

**材料：** 玉米粒 100 克，鸡蛋 1 个。

**调料：** 白糖适量。

**做法：**

❶ 将玉米粒洗净，用搅拌机打成玉米蓉。

❷ 鸡蛋打散成蛋液；将玉米蓉放沸水锅中不停搅拌，再次煮沸后，淋入鸡蛋液，加白糖即可。

**适合月龄：** 12 个月以上的宝宝。

## 蛋黄汤

**材料：** 鸡蛋 2 个，高汤 300 克。

**调料：** 盐少许。

**做法：**

❶ 汤锅中加高汤大火煮开。

❷ 将鸡蛋磕入碗中，用勺子将蛋黄取出，放入另外器皿中搅拌均匀。

❸ 将搅匀的蛋黄放入沸腾的高汤中，加盐调味即可。

**适合月龄：** 12 个月以上的宝宝。

# 鹌鹑蛋　有助大脑发育

**【性味归经】** 性平，味甘，归心、脾、胃、肾经。

**【营养功效】** 鹌鹑蛋含有蛋白质、脑磷脂、卵磷脂、赖氨酸、胱氨酸、维生素 A、维生素 $B_2$、维生素 $B_1$、铁、磷、钙等营养物质。宝宝常吃些鹌鹑蛋可补气益血、强壮筋骨、健脑益智。

## 益智关键词：卵磷脂、脑磷脂

鹌鹑蛋中富含的卵磷脂和脑磷脂是高级神经活动不可或缺的营养物质，具有益智健脑的作用。

## 食用宜忌

1. 皮肤生疮化脓及肾功能不全的宝宝不宜食用鹌鹑蛋。

2. 患有贫血、慢性胃炎及病后体虚的宝宝应常吃些鹌鹑蛋。

3. 鹌鹑蛋以蒸或煮的方式做给宝宝吃最好，消化吸收率基本可以达到 100%。

## 焦点营养素

### 鹌鹑蛋营养素含量（以每100克可食部计）

| 营养素名称 | 含量 | 营养素名称 | 含量 |
|---|---|---|---|
| 蛋白质 | 12.8克 | 钙 | 47毫克 |
| 脂肪 | 11.1克 | 磷 | 180毫克 |
| 碳水化合物 | 2.1克 | 钾 | 138毫克 |
| 维生素A | 337微克 | 镁 | 11毫克 |
| 维生素E | 3.08毫克 | 铁 | 3.2毫克 |

# 营养师推荐的聪明宝宝营养食谱

## 鹌鹑蛋菠菜汤

**材料：** 鹌鹑蛋 4 个，菠菜 100 克。

**调料：** 盐、香油各适量。

**做法：**

❶ 鹌鹑蛋洗净，磕入碗中，打散；菠菜择洗干净，放入沸水中焯烫 30 秒，捞出，沥干水分，切段。

❷ 锅置火上，倒入适量清水烧开，淋入蛋液搅成蛋花，放入菠菜段，加盐搅拌均匀，淋上香油即可。

**适合月龄：** 12 个月以上的宝宝。

## 鸳鸯鹌鹑蛋

**材料：** 挖去蛋黄的熟鹌鹑蛋 5 个，水发黄花菜碎、水发木耳碎、火腿末、油菜末、豌豆各 15 克，豆腐 30 克。

**调料：** 料酒 5 克，盐 3 克，水淀粉 15 克，香油少许。

**做法：**

❶ 油菜末、黄花菜碎、木耳碎、豆腐碎，加盐、香油、少许料酒和蛋清拌成馅，酿入鹌鹑蛋中，点上豌豆、火腿末和油菜末，上蒸笼蒸熟。

❷ 锅置火上，放鲜汤、盐，汤沸时水淀粉勾芡，浇在鹌鹑蛋上即可。

**适合月龄：** 12 个月以上的宝宝。

# 牛奶 最好的钙质来源

【性味归经】 性平，味甘、微寒，归心、肺、胃经。

【营养功效】 牛奶富含蛋白质、脂肪、碳水化合物、钙、磷、铁等多种营养素。牛奶含有的蛋白质有助于宝宝新组织的生长和受损细胞的修复，促进宝宝体内的新陈代谢，增强宝宝对病菌的抵抗能力；牛奶中的钙可以促进宝宝牙齿和骨骼的发育。

## 益智关键词：蛋白质

人体智力和脑的结构与机能相关联，脑的结构和机能又与营养密切相连，其中最重要的营养物质是蛋白质，它对大脑的健康发育有着直接的影响。牛奶富含蛋白质、能供给婴幼儿脑细胞生长发育所需要的优质蛋白质。

## 食用宜忌

1. 脱脂牛奶不适合婴幼儿食用，婴幼儿应喝全脂牛奶，因为牛奶中的脂肪是婴幼儿大脑发育不可缺少的营养物质。

2. 不要将盒装或袋装牛奶暴露在明亮的灯光或阳光下，这样牛奶容易产生异味，还会降低核黄素、维生素 $B_6$ 等营养成分的含量。

## 焦点营养素

### 牛奶营养素含量（以每100克可食部计）

| 营养素名称 | 含量 | 营养素名称 | 含量 |
|---|---|---|---|
| 蛋白质 | 3克 | 维生素A | 24微克 |
| 脂肪 | 3.2克 | 维生素C | 1毫克 |
| 碳水化合物 | 3.4克 | 钙 | 104毫克 |

**营养师推荐的聪明宝宝营养食谱**

## 牛奶红薯糊

**材料：** 牛奶 100 克，红薯 100 克。

**做法：**

❶ 红薯洗净，蒸熟，去皮，捣成泥。

❷ 牛奶放入耐热的杯中，放入微波炉或蒸锅内加热，倒入红薯泥中搅拌成稀糊状即可。

**适合月龄：** 6 个月以上的宝宝。

## 牛奶南瓜羹

**材料：** 南瓜 200 克，牛奶 100 毫升。

**做法：**

❶ 南瓜去子，切块。

❷ 将南瓜块蒸熟，去皮搅拌成泥。

❸ 南瓜泥加入牛奶搅拌均匀，倒入锅中小火烧至沸腾即可。

**适合月龄：** 12 个月以上的宝宝。

# 带鱼 让宝宝更聪明

【性味归经】 性温，味甘、咸，归肝、脾经。

【营养功效】 带鱼含有蛋白质、脂肪、维生素 A、维生素 $B_1$、维生素 $B_2$ 及钙、磷、铁、锌、镁等多种营养成分。带鱼中丰富的镁，能促进宝宝牙齿和骨骼的发育，对宝宝心血管系统的健康发育也有好处。常给宝宝吃些带鱼，能使宝宝头发乌黑浓密。

## 益智关键词：不饱和脂肪酸

带鱼的脂肪含量高于一般鱼类，且多为不饱和脂肪酸，可以促进宝宝的大脑发育。

## 食用宜忌

1. 覆盖带鱼身体表面的一层银白色物质为油脂，这种油脂所含的不饱和脂肪酸比带鱼肉还高，所以在烹调前处理带鱼时，请不要将这层油脂刮掉。

2. 不要一次给宝宝吃太多的带鱼，否则易伤脾和肾。

## 焦点营养素

### 带鱼营养素含量（以每100克可食部计）

| 营养素名称 | 含量 | 营养素名称 | 含量 |
|---|---|---|---|
| 蛋白质 | 17.7克 | 磷 | 191毫克 |
| 脂肪 | 4.9克 | 钾 | 280毫克 |
| 碳水化合物 | 3.1克 | 镁 | 43毫克 |
| 维生素A | 29微克 | 铁 | 1.2毫克 |
| 烟酸 | 2.8毫克 | 锌 | 0.7毫克 |
| 钙 | 28毫克 | 硒 | 36.57微克 |

# 营养师推荐的聪明宝宝营养食谱

## 鱼菜米糊

**材料：**带鱼中段、油菜心、米粉各20克。

**做法：**

❶ 带鱼中段洗净，蒸熟，去净鱼刺，取鱼肉，捣成泥；油菜心择洗干净，切碎。

❷ 锅置火上，倒入适量清水烧沸，放入米粉煮成稀糊状，加入鱼泥和油菜心煮至油菜心熟透即可。

**适合月龄：**8个月以上的宝宝。

## 清蒸带鱼

**材料：**宽带鱼1条。

**调料：**料酒10克，盐2克，花生油适量。

**做法：**

❶ 带鱼去头、尾、鳃和肠杂后，洗净，切段。

❷ 将带鱼段加盐拌匀后，加入料酒，再沾满花生油，放入盘中，上锅蒸20分钟即可。

**适合月龄：**8个月以上的宝宝。

# 鲫鱼 提高智力

【**性味归经**】 性平而温，味甘，归脾、肾经。

【**营养功效**】 鲫鱼含丰富的蛋白质、脂肪、糖类、维生素 $B_1$、维生素 $B_{12}$、烟酸、钙、磷、铁等。这些物质对于强化骨质、预防宝宝贫血有一定的功效。另外，宝宝常吃鲫鱼能开胃健脾。

## 益智关键词：不饱和脂肪酸

鲫鱼富含不饱和脂肪酸，能增强婴幼儿的记忆和思维能力，并提高智力。

## 食用宜忌

1. 烹调鲫鱼前一定要将鱼腹中的黑膜清除干净。因为这层黑膜是鱼腹中各种有害物质的汇集处。吃鲫鱼时如果不去除腹内壁上的黑膜，容易引发宝宝反胃、恶心、呕吐、腹泻等症状。

2. 患有皮肤病的宝宝不宜吃鲫鱼，食后可能加重病情。

## 焦点营养素

### 鲫鱼营养素含量（以每100克可食部计）

| 营养素名称 | 含量 | 营养素名称 | 含量 |
|---|---|---|---|
| 蛋白质 | 17.1克 | 磷 | 193毫克 |
| 脂肪 | 2.7克 | 钾 | 290毫克 |
| 碳水化合物 | 3.8克 | 镁 | 41毫克 |
| 维生素A | 17微克 | 铁 | 1.3毫克 |
| 烟酸 | 2.5毫克 | 锌 | 1.94毫克 |
| 钙 | 79毫克 | 硒 | 14.31微克 |

营养师推荐的聪明宝宝营养食谱

## 清蒸鲫鱼

**材料：** 水发木耳 100 克，鲜鲫鱼 500 克。

**调料：** 料酒、盐、白糖、姜片、葱段、花生油各适量。

**做法：**

❶ 将鲫鱼去鳃、内脏、鳞，洗净，在鱼身两侧各划两刀；水发木耳去杂质，洗净，撕成小片。

❷ 将鲫鱼放入碗中，加入姜片、葱段、料酒、白糖、盐、花生油，覆盖木耳，上蒸笼蒸 8~10 分钟取出，去掉姜片和葱段即可。

**适合月龄：** 12 个月以上的宝宝。

## 鲫鱼豆腐

**材料：** 豆腐 250 克，鲜鲫鱼 500 克。

**调料：** 料酒、盐、香菜、姜片、葱段、香油各适量。

**做法：**

❶ 将鲫鱼去鳃、内脏、鳞，洗净，在鱼身两侧各划两刀；豆腐切块。

❷ 锅内入油，将鲫鱼放入锅中，加入姜片、葱段、料酒，翻煎至鱼肉发白。

❸ 锅中加入适量水，大火烧开，加入豆腐块，再次烧开后转小火炖煮。

❹ 出锅时滴入香油，撒上香菜即可。

**适合月龄：** 12 个月以上的宝宝。

# 鳕鱼 促进智力增长

**【性味归经】** 性温，味甘、酸，归肝、大肠经。

**【营养功效】** 鳕鱼富含蛋白质、维生素 A、维生素 D 及碘、钙、磷等营养物质，宝宝常吃些鳕鱼，不但能够促进生长发育，而且头脑也会比较聪明。

## 益智关键词：DHA、球蛋白、白蛋白、核蛋白

鳕鱼含有丰富的 DHA，它是构成脑细胞不可缺少的营养。另外，鳕鱼含有球蛋白、白蛋白及核蛋白，还含有智力发育所必需的各种氨基酸，能促进智力和记忆力的增长。

## 食用宜忌

1. 患有瘙痒性皮肤病或荨麻疹的宝宝忌食鳕鱼。

2. 做给宝宝吃的鳕鱼宜用烧、蒸的方法烹调，这样更易于保存鳕鱼中的营养。

## 焦点营养素

### 鳕鱼营养素含量（以每100克可食部计）

| 营养素名称 | 含量 | 营养素名称 | 含量 |
| --- | --- | --- | --- |
| 蛋白质 | 20.4克 | 磷 | 232毫克 |
| 脂肪 | 0.5克 | 钾 | 321毫克 |
| 碳水化合物 | 0.5克 | 镁 | 84毫克 |
| 维生素A | 14微克 | 铁 | 0.5毫克 |
| 烟酸 | 2.7毫克 | 锌 | 0.86毫克 |
| 钙 | 42毫克 | 硒 | 24.8微克 |

# 营养师推荐的聪明宝宝营养食谱

## 冬瓜鱼丸汤

**材料：** 鳕鱼肉 50 克，冬瓜 100 克。

**调料：** 盐、香油各适量。

**做法：**

❶ 鳕鱼肉去净鱼刺，洗净，剁成鱼泥，加入适量鸡蛋清，朝一个方向搅打至上劲，做成鱼丸；冬瓜去皮除子，洗净，切片。

❷ 锅置火上，倒入适量冷水，放入鱼丸煮至八成熟，下入冬瓜片煮熟，加适量盐调味，淋上香油即可。

**适合月龄：** 12 个月以上的宝宝。

## 鱼肉香糊

**材料：** 鳕鱼肉 50 克。

**调料：** 盐、淀粉、鱼汤各适量。

**做法：**

❶ 将鳕鱼肉洗净，切条，煮熟，去骨、刺和鱼皮，剁成肉泥状。

❷ 把鱼汤煮开，下入鱼肉泥，用淀粉略勾芡，再用盐调味即可。

**适合月龄：** 12 个月以上的宝宝。

# 三文鱼 有利智力发育

【性味归经】 性平，味甘，归肝、肾经。

【营养功效】 三文鱼富含不饱和脂肪酸、蛋白质、维生素 A、维生素 D 及多种矿物质，能为宝宝补充优质蛋白质，促进生长发育及智力发育，同时还能为宝宝补充足量的钙质。

## 益智关键词：$\Omega-3$脂肪酸、卵磷脂

三文鱼含有丰富的 $\Omega-3$ 脂肪酸，对婴幼儿的智力发育非常有好处。另外，三文鱼中还含有卵磷脂，医学实验研究证实，经常摄入卵磷脂的宝宝比不经常摄入卵磷脂的同龄宝宝，记忆力会提高 20%。

## 食用宜忌

1. 做给宝宝吃的三文鱼适宜用烧、炖、蒸等方法烹调，因为这样能最大限度地保留三文鱼肉中的营养。

2. 身体消瘦、水肿、消化不良的宝宝非常适宜食用三文鱼。

## 焦点营养素

### 三文鱼营养素含量（以每100克可食部计）

| 营养素名称 | 含量 | 营养素名称 | 含量 |
| --- | --- | --- | --- |
| 蛋白质 | 17.2克 | 钙 | 13毫克 |
| 脂肪 | 7.8克 | 磷 | 154毫克 |
| 碳水化合物 | 0克 | 钾 | 361毫克 |
| 维生素A | 45微克 | 镁 | 36毫克 |
| 烟酸 | 4.4毫克 | 铁 | 0.3毫克 |

营养师推荐的聪明宝宝营养食谱

# 清蒸三文鱼

**材料：** 三文鱼肉 150 克。

**调料：** 葱丝、姜丝、盐、酱油、香油各适量。

**做法：**

❶ 三文鱼肉去净鱼刺，洗净，切块，撒适量盐拌匀，腌渍 15 分钟。

❷ 取盘，放入三文鱼肉，放上葱丝、姜丝、酱油、香油，送入烧沸的蒸锅大火蒸 10 分钟即可。

**适合月龄：** 12 个月以上的宝宝。

# 番茄鱼糊

**材料：** 三文鱼 100 克，番茄 70 克。

**配料：** 加奶的菜汤适量。

**做法：**

❶ 鱼肉去皮、刺，切成碎末。

❷ 番茄用开水烫一下，去皮、蒂，切末。

❸ 将备好的含奶菜汤倒入锅里，加鱼肉稍煮。

❹ 加入切碎的番茄，小火煮至糊状即可。

**适合月龄：** 8 个月以上的宝宝。

# 鲢鱼 活跃大脑

【性味归经】 性温，味甘，归脾、胃经。

【营养功效】 鲢鱼含有蛋白质、不饱和脂肪酸、卵磷脂及钙、磷、铁、钾、镁、硒等营养成分。宝宝常吃些鲢鱼，能健脾、暖胃、补气、泽肤、乌发。对脾胃虚弱、食欲减退、瘦弱乏力、腹泻的宝宝具有辅助调养作用。

## 益智关键词：卵磷脂、不饱和脂肪酸

鲢鱼富含卵磷脂，卵磷脂被宝宝的身体代谢后能分解成胆碱，最后合成乙酰胆碱，乙酰胆碱是神经元之间依靠化学物质传递信息的一种最主要的神经递质，可增加记忆、思维和分析能力，让宝宝变得聪明。另外，鲢鱼含有丰富的不饱和脂肪酸，对脑的发育极为重要，可使大脑细胞活跃，使推理、判断力增强。

## 食用宜忌

1. 脾胃蕴热的宝宝不宜食用鲢鱼。

2. 有瘙痒性皮肤病、荨麻疹、癣病的宝宝应忌食鲢鱼。

## 焦点营养素

### 鲢鱼营养素含量（以每100克可食部计）

| 营养素名称 | 含量 | 营养素名称 | 含量 |
| --- | --- | --- | --- |
| 蛋白质 | 17.8克 | 钙 | 53毫克 |
| 脂肪 | 0克 | 磷 | 190毫克 |
| 碳水化合物 | 3.6克 | 钾 | 277毫克 |
| 维生素A | 20微克 | 镁 | 23毫克 |
| 烟酸 | 2.5毫克 | 铁 | 1.4毫克 |

# 营养师推荐的聪明宝宝营养食谱

## 鱼头豆腐汤

**材料：**鲢鱼头 1 个，豆腐 50 克。

**调料：**葱花、盐、香油各适量。

**做法：**

❶ 鲢鱼头去鳃，洗净；豆腐洗净，切丁。

❷ 锅置火上，放入鲢鱼头和适量清水煮至鲢鱼头上的鱼肉溶解到汤中，过滤去鱼刺，取鱼头汤备用。

❸ 锅置火上，倒入鱼头汤煮沸，放入葱花、豆腐煮 5 分钟，加适量盐调味，淋上香油即可。

**适合月龄：**9 个月以上的宝宝。

## 鲢鱼汤

**材料：**鲢鱼头 1 个。

**调料：**葱段、姜片、植物油各适量。

**做法：**

❶ 将鲢鱼头收拾干净，然后洗净，剖开，沥干水分。

❷ 锅置火上，倒入适量植物油烧热，放入鱼头两面煎至金黄色，盛出。

❸ 将煎好的鱼头放入砂锅中，加水、葱段、姜片大火煮开，转小火煮至汤色变白、鱼头松散，熄火，晾凉。

❹ 将汤过滤后，取一次的用量装入保鲜袋中，系好袋口，放入冰箱冷冻即可。

**适合月龄：**6 个月以上的宝宝。

# 牡蛎 益智海鲜

**【性味归经】** 性微寒，味咸、涩，归肝、心、肾经。

**【营养功效】** 牡蛎含有蛋白质、脂肪、多种维生素及钙、铁、钾、钠、镁、磷、铜等矿物质。宝宝常吃些牡蛎能补充钙质，活跃造血功能，护脑、健脑。

## 益智关键词：牛磺酸、DHA、EPA、锌、镁、铜

牡蛎中所含有的牛磺酸、DHA、EPA（二十碳五烯酸）是宝宝智力发育所需要的重要营养素。另外，牡蛎富含锌、镁、铜等具有益智功能的微量元素，能增强宝宝的智力发育，因此有"益智海鲜"的美称。

## 食用宜忌

1. 牡蛎肉中的泥沙较多，烹调前宜逐个放在水龙头下直接冲洗。

2. 牡蛎性微寒，体虚而怕冷的宝宝宜少食牡蛎；体虚而多热的宝宝宜吃牡蛎。

## 焦点营养素

### 牡蛎营养素含量（以每100克可食部计）

| 营养素名称 | 含量 | 营养素名称 | 含量 |
|---|---|---|---|
| 蛋白质 | 5.3克 | 磷 | 115毫克 |
| 脂肪 | 2.1克 | 钾 | 200毫克 |
| 碳水化合物 | 8.2克 | 镁 | 65毫克 |
| 维生素A | 27微克 | 铁 | 7.1毫克 |
| 烟酸 | 1.4毫克 | 锌 | 9.39毫克 |
| 钙 | 131毫克 | 硒 | 86.64微克 |

营养师推荐的聪明宝宝营养食谱

## 牡蛎煎蛋

**材料：** 牡蛎肉50克，鸡蛋2个。

**调料：** 葱末、盐、植物油各适量。

**做法：**

❶ 牡蛎肉洗净泥沙，沥干水分；鸡蛋洗净，磕入碗内，打散；在蛋液中放入牡蛎肉、盐和葱末搅拌均匀。

❷ 炒锅置火上，倒入适量植物油，待油温烧至五成热，倒入蛋液煎成蛋块，装盘即可。

**适合月龄：** 18个月以上的宝宝。

## 牡蛎南瓜羹

**材料：** 南瓜400克，鲜牡蛎250克。

**调料：** 盐、葱、姜各适量。

**做法：**

❶ 南瓜去皮、瓤，洗净，切成细丝；牡蛎洗净，切成丝；葱、姜分别洗净，切丝。

❷ 汤锅置火上，加入适量清水，放入南瓜丝、牡蛎丝、葱丝、姜丝，加入盐调味，大火烧沸，改小火煮，盖上盖熬至羹状关火即可。

**适合月龄：** 8个月以上的宝宝。

# 虾皮　保证脑力旺盛

【**性味归经**】 性温，味甘、咸，归肝、肾经。

【**营养功效**】 虾皮富含蛋白质，还含有丰富的维生素 D 及钙、钾、碘、镁、磷等矿物质。宝宝常吃些虾皮能提高食欲并增强体质，促进骨骼和牙齿的生长发育。

## 益智关键词：钙

虾皮含有丰富的钙，宝宝摄入充足的钙能保证脑力旺盛并提高判断力。宝宝如果缺钙，可影响信息的神经传导，使神经的兴奋性失调，就会变得注意力难以集中，思考能力下降。

## 食用宜忌

1. 虾皮含有较多的盐分，给宝宝烹调前宜用清水浸泡去盐分。

2. 患有过敏性鼻炎、支气管炎及过敏性皮炎反复发作的宝宝不宜吃虾皮，不然可能会使病情加重。

## 焦点营养素

### 虾皮营养素含量（以每100克可食部计）

| 营养素名称 | 含量 | 营养素名称 | 含量 |
|---|---|---|---|
| 蛋白质 | 30.7克 | 磷 | 582毫克 |
| 脂肪 | 2.2克 | 钾 | 617毫克 |
| 碳水化合物 | 2.5克 | 镁 | 265毫克 |
| 维生素A | 19微克 | 铁 | 6.7毫克 |
| 烟酸 | 3.1毫克 | 锌 | 1.93毫克 |
| 钙 | 991毫克 | 硒 | 74.43微克 |

# 营养师推荐的聪明宝宝营养食谱

## 虾皮黄瓜汤

**材料：** 虾皮 50 克，黄瓜 100 克。

**调料：** 紫菜适量，植物油、盐、香油各适量。

**做法：**

❶ 黄瓜洗净，切成片；紫菜洗净，撕碎。

❷ 锅置火上，倒油烧热，下虾皮煸炒片刻，加适量清水煮沸。

❸ 加入黄瓜片和紫菜转小火煮 3 分钟，出锅前加盐调味，淋香油即可。

**适合月龄：** 8 个月以上的宝宝。

## 虾皮鸡蛋羹

**材料：** 鸡蛋 1 个，虾皮 5 克。

**调料：** 香油适量。

**做法：**

❶ 虾皮洗净，浸泡去咸味，捞出，切碎；鸡蛋洗净，磕入碗中，打散。蛋液中放入切碎的虾皮和适量清水搅拌均匀。

❷ 将搅打好的鸡蛋液放入蒸锅中，开火，待蒸锅中的水开后再蒸 5~8 分钟，取出淋上香油即可。

**适合月龄：** 8 个月以上的宝宝。

# 海带 促进智力发育

【性味归经】 性寒，味咸，归肺经。

【营养功效】 海带富含碘、钙、磷、硒等宝宝必需的元素及多种维生素，对宝宝的生长发育很有益处。海带中的胶质能促使宝宝体内的放射性物质随同大便排出体外。其含有的丰富的钙有利于宝宝骨骼和牙齿的发育。

## 益智关键词：钙

海带中的碘能维持甲状腺的健康，健康的甲状腺可分泌充足的甲状腺素，能促进宝宝的智力发育，提高语言表达能力。

## 食用宜忌

1. 给宝宝吃完海带后不要马上给宝宝吃味道酸涩的水果，不然会阻碍身体对海带中碘的吸收。

2. 不要一次给宝宝吃太多的海带，否则宝宝会摄入过多的碘，引起甲状腺功能障碍。

## 焦点营养素

### 海带营养素含量（以每100克可食部计）

| 营养素名称 | 含量 | 营养素名称 | 含量 |
| --- | --- | --- | --- |
| 蛋白质 | 1.2克 | 磷 | 22毫克 |
| 脂肪 | 0.1克 | 钾 | 246毫克 |
| 碳水化合物 | 2.1克 | 镁 | 25毫克 |
| 膳食纤维 | 0.5克 | 铁 | 0.9毫克 |
| 烟酸 | 1.3毫克 | 锌 | 0.16毫克 |
| 钙 | 46毫克 | 硒 | 9.54微克 |

# 营养师推荐的聪明宝宝营养食谱

## 肉末海带

**材料:** 水发海带丝50克，猪瘦肉25克。

**调料:** 葱末、酱油、植物油各适量。

**做法:**

❶ 海带洗净，切短段；猪瘦肉洗净，剁成肉末。

❷ 炒锅置火上，倒入适量植物油，待油温烧至七成热，炒香葱末，放入肉末炒熟，下入海带丝翻炒均匀，加酱油和适量清水烧至海带软烂即可。

**适合月龄:** 12个月以上的宝宝。

## 海带柠檬汁

**材料:** 水发海带150克，柠檬100克。

**配料:** 白砂糖适量。

**做法:**

❶ 海带洗净，切丁；柠檬去皮和子，切丁。

❷ 海带丁、柠檬丁放入果汁机中，加水搅打。

❸ 加入适量白砂糖搅拌溶化即可。

**适合月龄:** 12个月以上的宝宝。

# 紫菜 促进智力发育

【性味归经】 性寒，味甘、咸，归肺经。

【营养功效】 紫菜含有丰富的维生素和矿物质，特别是维生素A、维生素 $B_1$、维生素 $B_2$、维生素 $B_{12}$、维生素E及碘、铁、磷、钙等，能保护宝宝的肝脏，提高身体的免疫力，还能促进宝宝骨骼、牙齿的生长和保健。

## 益智关键词：钙、铁、碘、镁、胆碱、牛磺酸

紫菜富含钙、铁、碘、镁、胆碱、牛磺酸等益智营养素，不但能促进宝宝的智力发育，让宝宝更聪明，而且还能增强宝宝的记忆力。

## 食用宜忌

1. 胃肠消化功能不好的宝宝应少食紫菜；腹痛、便溏的宝宝不宜食用紫菜。

2. 紫菜中牛磺酸的合成需要维生素 $B_6$ 的参与，而紫甘蓝富含维生素 $B_6$。两者宜搭配烹调，能更好地发挥其各自的营养功效。

## 焦点营养素

### 紫菜营养素含量（以每100克可食部计）

| 营养素名称 | 含量 | 营养素名称 | 含量 |
|---|---|---|---|
| 蛋白质 | 26.7克 | 钙 | 264毫克 |
| 脂肪 | 1.1克 | 磷 | 350毫克 |
| 碳水化合物 | 44.1克 | 钾 | 1796毫克 |
| 膳食纤维 | 21.6克 | 镁 | 105毫克 |
| 胡萝卜素 | 1370微克 | 铁 | 54.9毫克 |
| 烟酸 | 2毫克 | 锌 | 2.47毫克 |

# 营养师推荐的聪明宝宝营养食谱

## 紫菜鸡蛋汤

**材料：** 干紫菜 2 克，鸡蛋 1 个。

**调料：** 葱花、虾皮、盐、香油各适量。

**做法：**

❶ 紫菜撕成小片；鸡蛋洗净，磕入碗内，打散。

❷ 汤锅置火上，倒入适量清水烧沸，淋入蛋液搅成蛋花，放入紫菜、葱花、虾皮煮 2 分钟，加适量盐调味，淋上香油即可。

**适合月龄：** 12 个月以上的宝宝。

## 紫菜鲈鱼卷

**材料：** 鲈鱼肉 200 克，紫菜 1 张，蛋清 1 个。

**调料：** 盐 2 克。

**做法：**

❶ 鲈鱼肉洗净，去净刺，将鱼肉剁成泥，加入蛋清搅匀，再加盐调味。

❷ 紫菜平铺，均匀抹上鱼泥，卷成卷。

❸ 锅置火上，倒入适量水，放入鲈鱼卷隔水蒸熟即可。

**适合月龄：** 12 个月以上的宝宝。

# 胡萝卜 护眼、明目

【性味归经】 性平，味甘，归肺、脾经。

【营养功效】 胡萝卜含碳水化合物、胡萝卜素、维生素 $B_1$、维生素 $B_2$、挥发油、胡萝卜碱、钙、磷等。具有促进生长发育、保护眼睛、抵抗传染病的功能，是提高宝宝免疫力不可缺少的食物。

## 益智关键词：β-胡萝卜素

富含 β-胡萝卜素，宝宝常吃些胡萝卜，可以帮助大脑增强记忆，保护大脑的思维功能，降低痴呆症的患病几率。

## 食用宜忌

1. 胡萝卜最好不要削皮吃，因为胡萝卜素主要存在于皮中。

2. 宝宝一次不宜吃太多的胡萝卜，过量摄入胡萝卜会使皮肤的色素产生变化，变成橙黄色。

## 焦点营养素

### 胡萝卜营养素含量（以每100克可食部计）

| 营养素名称 | 含量 | 营养素名称 | 含量 |
|---|---|---|---|
| 蛋白质 | 1.2克 | 钙 | 32毫克 |
| 脂肪 | 0.2克 | 磷 | 22毫克 |
| 碳水化合物 | 9.5克 | 钾 | 192毫克 |
| 膳食纤维 | 1.3克 | 镁 | 11毫克 |
| 胡萝卜素 | 4070微克 | 铁 | 0.8毫克 |
| 维生素C | 16毫克 | 锌 | 0.19毫克 |

# 营养师推荐的聪明宝宝营养食谱

## 胡萝卜牛肉粥

**材料：** 大米50克，胡萝卜10克，牛肉15克。

**调料：** 盐、香油各适量。

**做法：**

❶ 大米淘洗干净；胡萝卜洗干净，切末；牛肉洗净，切末。

❷ 锅置火上，放入大米、胡萝卜末、牛肉末和适量清水煮成烂粥，加适量盐调味，淋上香油即可。

**适合月龄：** 8个月以上的宝宝。

## 南瓜胡萝卜粥

**材料：** 大米30克，老南瓜、胡萝卜各10克。

**做法：**

❶ 大米洗净，浸泡半小时。

❷ 老南瓜去皮，去子，洗净，切小丁；胡萝卜去皮，洗净，切成小丁。

❸ 将大米、老南瓜丁、胡萝卜丁倒入锅中大火煮开，再调小火煮熟即可。

**适合月龄：** 12个月以上的宝宝。

# 菠菜 天然的抗氧化剂

【性味归经】 性寒，味甘淡，归肠、胃经。

【营养功效】 菠菜含有丰富的胡萝卜素、维生素 C、维生素 E 及钙、磷、铁等营养成分。其中，胡萝卜素进入宝宝体内后会转变成维生素 A，对宝宝的眼睛有保健作用。常吃菠菜，对宝宝便秘有一定的缓解作用，还能促进消化液的分泌，有利于宝宝对食物的消化、吸收。

## 益智关键词：维生素、叶绿素、抗氧化剂

菠菜含有丰富的维生素和大量叶绿素，是脑细胞代谢的"最佳供给者"之一，具有健脑益智的作用。另外，菠菜含有丰富的抗氧化剂，可以抵抗自由基对脑功能的影响。

## 食用宜忌

患有肾炎的宝宝不适宜吃菠菜；脾虚便溏的宝宝不宜常吃菠菜。

## 焦点营养素

### 菠菜营养素含量（以每100克可食部计）

| 营养素名称 | 含量 | 营养素名称 | 含量 |
| --- | --- | --- | --- |
| 蛋白质 | 2.6克 | 维生素E | 1.74毫克 |
| 脂肪 | 0.3克 | 钙 | 66毫克 |
| 碳水化合物 | 4.5克 | 磷 | 47毫克 |
| 膳食纤维 | 1.7克 | 钾 | 311毫克 |
| 胡萝卜素 | 2920微克 | 镁 | 58毫克 |
| 维生素C | 32毫克 | 铁 | 2.9毫克 |

# 营养师推荐的聪明宝宝营养食谱

## 菠菜肉羹

**材料：** 菠菜 100 克，猪瘦肉 25 克。

**调料：** 蛋清、水淀粉、盐、香油各适量。

**做法：**

❶ 菠菜择洗干净，放入沸水中焯 30 秒，捞出，沥干水分，切末；猪瘦肉洗净，剁成肉末，加蛋清和水淀粉拌匀。

❷ 锅置火上，倒入适量清水烧沸，放入肉末煮熟，下入菠菜末搅拌均匀，加适量盐调味，用水淀粉勾薄芡，淋上香油即可。

**适合月龄：** 9 个月以上的宝宝。

## 乌龙面蒸鸡蛋

**材料：** 乌龙面 50 克，菠菜 20 克，鲜香菇 10 克，胡萝卜碎 10 克，鸡蛋 1 个。

**调料：** 高汤、盐各适量。

**做法：**

❶ 乌龙面用热水烫过，剥散后切成小段；菠菜洗净，煮熟，挤干水分；香菇洗净，去蒂，切碎。

❷ 鸡蛋打散，加入高汤和盐搅拌均匀。

❸ 将乌龙面、香菇、菠菜、胡萝卜放入容器中，将搅匀的蛋汁也倒入容器中，用蒸笼蒸约 10 分钟即可。

**适合月龄：** 9 个月以上的宝宝。

# 甜椒 保护宝宝脑功能

【性味归经】性热，味甘，归心、脾经。
【营养功效】甜椒富含维生素和矿物质，宝宝常吃些甜椒能促进食欲，提高身体免疫力。

## 益智关键词：维生素C

甜椒富含维生素 C，维生素 C 能保护生物膜，是保护脑功能的重要物质。它保证大脑细胞所需的各种营养物质顺利通过并及时供应，使大脑正常地发挥其功能。宝宝长期缺乏维生素 C，易使脑细胞结构变得疏松或萎缩，导致脑功能不良。

## 食用宜忌

1. 可以将甜椒剁得细碎一些让宝宝生吃，生吃甜椒不仅可以保留其中易被高温破坏的维生素 C 等营养成分，而且这些营养成分更容易被宝宝吸收。

2. 甜椒的蒂部是农药残留积聚的地方，食用前要先去蒂。

## 焦点营养素

### 甜椒营养素含量（以每100克可食部计）

| 营养素名称 | 含量 | 营养素名称 | 含量 |
| --- | --- | --- | --- |
| 蛋白质 | 1克 | 钙 | 14毫克 |
| 脂肪 | 0.2克 | 磷 | 20毫克 |
| 碳水化合物 | 5.4克 | 钾 | 142毫克 |
| 膳食纤维 | 1.4克 | 镁 | 12毫克 |
| 胡萝卜素 | 340微克 | 铁 | 0.8毫克 |
| 维生素C | 72毫克 | 锌 | 0.19毫克 |

# 营养师推荐的聪明宝宝营养食谱

## 甜椒炒鸡蛋

**材料：** 甜椒 80 克，鸡蛋 1 个。

**调料：** 葱末、盐、植物油各适量。

**做法：**

❶ 甜椒洗净，去蒂，除子，切丁；鸡蛋洗净，磕入碗中，打散，加少量清水搅拌均匀。

❷ 将炒锅置火上烧热，倒入植物油，炒香葱末，淋入蛋液炒熟，放入甜椒丁炒至熟软，加适量盐调味即可。

**适合月龄：** 12 个月以上的宝宝。

## 甜椒鸡丝粥

**材料：** 熟鸡胸肉 30 克，稀饭半碗，玉米粒 40 克，红甜椒 30 克。

**做法：**

❶ 将熟鸡胸肉剥成小细丝状；玉米粒洗净，煮熟；红甜椒洗净，去蒂及子，切小粒。

❷ 将玉米粒、红甜椒、鸡丝加入稀饭中煮即可。

**适合月龄：** 12 个月以上的宝宝。

# 金针菇　健脑益智

**【性味归经】** 性寒，味咸，归肝、胃、肠经。

**【营养功效】** 金针菇富含蛋白质、维生素和矿物质，经常给宝宝吃些金针菇不但能健脑益智，还可防治肝脏系统和胃肠溃疡等疾病。

## 益智关键词：赖氨酸、亮氨酸、精氨酸

金针菇中氨基酸的含量齐全，其中所含的赖氨酸、亮氨酸和精氨酸较多，几乎比其他菇类要多出一倍，具有促进宝宝智力发育和健脑的作用，被誉为"益智菇"。

## 食用宜忌

1. 金针菇性寒，脾胃虚寒的宝宝不宜常吃。

2. 金针菇宜与豆腐搭配食用，不但能益智强体，更有益于宝宝吸收金针菇和豆腐中的营养。

## 焦点营养素

### 金针菇营养素含量（以每100克可食部计）

| 营养素名称 | 含量 | 营养素名称 | 含量 |
| --- | --- | --- | --- |
| 蛋白质 | 2.4克 | 维生素C | 2毫克 |
| 脂肪 | 0.4克 | 磷 | 97毫克 |
| 碳水化合物 | 6克 | 钾 | 195毫克 |
| 膳食纤维 | 2.7克 | 镁 | 17毫克 |
| 胡萝卜素 | 30微克 | 铁 | 1.4毫克 |
| 烟酸 | 4.1毫克 | 锌 | 0.39毫克 |

# 营养师推荐的聪明宝宝营养食谱

## 鸡肉烧金针菇

**材料：** 鸡胸肉 50 克，金针菇 100 克。

**调料：** 盐、植物油各适量。

**做法：**

❶ 鸡胸肉洗净，剁成泥；金针菇去根，洗净，放入沸水中焯透，捞出，沥干水分，切末。

❷ 炒锅置火上烧热，倒入植物油，放入鸡肉泥炒熟，加金针菇翻炒均匀，加入适量清水烧开，加盐调味即可。

**适合月龄：** 8 个月以上的宝宝。

## 双菇烩蛋黄

**材料：** 金针菇、香菇各 50 克，鸡蛋 1 个。

**调料：** 盐、香葱、姜、鸡汤、植物油各适量。

**做法：**

❶ 金针菇切根，择洗干净；香菇洗净，切块；葱叶切小圈，姜切末。

❷ 将鸡蛋煮熟，取蛋黄，对半切开。

❸ 锅内加水烧开，倒入金针菇、香菇，稍汆烫。

❹ 另取锅，锅内倒油烧热，煸香葱、姜，加适量鸡汤和盐。放入金针菇、香菇和鸡蛋黄，炖 2 分钟即可。

**适合月龄：** 12 个月以上的宝宝。

# 香菇 增强免疫力

**【性味归经】** 性平，味甘，归胃经。

**【营养功效】** 香菇富含B族维生素、维生素D、麦甾醇、多糖及钙、磷、铁、钾等矿物质。香菇中的多糖可调节人体内有免疫功能的T细胞活性，使机体的免疫力增强。香菇还具有预防感冒的功效，宝宝经常食用，可以增强其对感冒病毒的抵抗力。

## 益智关键词：硒

香菇富含硒，硒对小儿神经系统的发育有不可忽视的影响，因为硒与脑中大多数的蛋白酶有关。硒的缺乏会影响宝宝大脑中一些重要酶的活性，使脑的结构发生改变，从而导致智力低下。

## 食用宜忌

1. 香菇不宜用水浸泡或过度清洗。因为香菇含有麦甾醇，宝宝摄入这种物质后，在接受阳光照射时，会在体内转化为维生素D。如果将香菇用水浸泡或过度清洗，就会损失麦甾醇等营养成分。

2. 香菇比较适宜体质虚弱、饮食不香、尿频的宝宝食用。

## 焦点营养素

### 香菇营养素含量（以每100克可食部计）

| 营养素名称 | 含量 | 营养素名称 | 含量 |
| --- | --- | --- | --- |
| 蛋白质 | 2.2克 | 膳食纤维 | 3.3克 |
| 脂肪 | 0.3克 | 烟酸 | 1毫克 |
| 碳水化合物 | 5.2克 | 维生素C | 2毫克 |

# 营养师推荐的聪明宝宝营养食谱

## 香菇鸡肉粥

**材料：** 鲜香菇 2 朵，鸡胸肉 15 克，大米 50 克。

**调料：** 盐、香油各适量。

**做法：**

❶ 鲜香菇去柄，洗净，放入沸水中焯烫，取出，切末；鸡胸肉洗净，切末；大米淘洗干净。

❷ 锅内加适量清水置火上，放入香菇末、鸡肉末和大米中火煮沸，转小火煮至粥稠，加适量盐调味，淋上香油即可。

**适合月龄：** 8 个月以上的宝宝。

## 香菇烧豆腐

**材料：** 豆腐 60 克，香菇 50 克。

**调料：** 植物油、盐、料酒、淀粉、葱花各适量。

**做法：**

❶ 香菇去蒂，洗净，切丁，沸水焯一下；豆腐洗净，切块，沸水煮一下。

❷ 锅中倒油烧热，煸炒豆腐片刻，加入香菇丁、盐、料酒、水，大火烧 5 分钟。

❸ 最后用水淀粉勾芡，关火，撒上葱花即可。

**适合月龄：** 12 个月以上的宝宝。

# 黑木耳 令肌肤健康红润

【性味归经】性平，味甘，归胃、大肠经。

【营养功效】黑木耳含有蛋白质、脂肪、碳水化合物、胡萝卜素、维生素 B₁、维生素 B₂、维生素 C、膳食纤维、铁、钙、磷等营养物质，有"素中之荤"的美誉。常吃黑木耳能使宝宝的肌肤健康红润，并可预防缺铁性贫血。另外，黑木耳还具有清肺、祛瘀生新的功效，经常食用，能预防宝宝肺部疾病。

## 益智关键词：磷、铁

黑木耳磷的含量较多，磷对宝宝脑神经的生长发育有良好的滋养作用；另外，黑木耳含铁量较高，具有养血、补血的作用，对健脑有益。中医也认为，黑木耳具有益智等功效。

## 食用宜忌

1. 黑木耳易滑肠，患有慢性腹泻的宝宝应慎食，不然会加重腹泻的症状。
2. 黑木耳有活血抗凝的作用，患有出血性疾病的宝宝不宜食用。
3. 鲜木耳含有毒素，不能食用，因此千万不能给宝宝吃鲜木耳，以免引起中毒。

## 焦点营养素

### 黑木耳营养素含量（以每100克可食部计）

| 营养素名称 | 含量 | 营养素名称 | 含量 |
|---|---|---|---|
| 蛋白质 | 12.1克 | 胡萝卜素 | 100微克 |
| 脂肪 | 1.5克 | 烟酸 | 2.5毫克 |
| 碳水化合物 | 65.6克 | 维生素E | 11.34毫克 |
| 膳食纤维 | 29.9克 | 钙 | 247毫克 |

营养师推荐的聪明宝宝营养食谱

# 木耳蒸鸭蛋

**材料：**黑木耳 25 克，鸭蛋 1 个。

**调料：**冰糖 10 克。

**做法：**

❶ 将黑木耳泡发后，洗净，切碎。

❷ 鸭蛋打散，加入黑木耳、冰糖，添少许水，搅拌均匀后，隔水蒸熟。

**适合月龄：**8 个月以上的宝宝。

# 姜枣木耳花生汤

**材料：**黑木耳 20 克，红枣 10 克，生姜 10 克，花生米 10 克。

**做法：**

❶ 木耳提前泡发，花生米和红枣浸泡 10 分钟，红枣洗净，去核；姜切片。

❷ 锅内放水，加入准备好的材料，大火煮沸，撇去浮沫，用小火煮，到汤汁耗去一半即可关火。

**适合月龄：**8 个月以上的宝宝。

# 黄花菜 健脑、益智、安神

【性味归经】 性平，味甘、微苦，归肝、脾、肾经。

【营养功效】 黄花菜含有蛋白质、脂肪、碳水化合物、维生素 $B_1$、维生素 $B_2$、尼克酸、维生素 C、胡萝卜素及钙、磷等营养物质。宝宝常吃些黄花菜可清利湿热、解毒消肿、养血平肝。

## 益智关键词：冬碱

黄花菜含有一种叫冬碱的物质，具有健脑、益智、安神的功效。近年来国外学者研究后把黄花菜排在 8 种健脑食品的首位，将其叫做"健脑菜"。

## 食用宜忌

1. 患有皮肤病的宝宝应忌食黄花菜。

2. 黄花菜含粗纤维较多，肠胃不好的宝宝应慎食。

## 焦点营养素

### 黄花菜营养素含量（以每100克可食部计）

| 营养素名称 | 含量 | 营养素名称 | 含量 |
|---|---|---|---|
| 蛋白质 | 19.4克 | 维生素E | 4.92毫克 |
| 脂肪 | 1.4克 | 钙 | 301毫克 |
| 碳水化合物 | 34.9克 | 磷 | 216毫克 |
| 膳食纤维 | 7.7克 | 钾 | 610毫克 |
| 胡萝卜素 | 1840微克 | 镁 | 85毫克 |
| 烟酸 | 3.1毫克 | 铁 | 8.1毫克 |
| 维生素C | 10毫克 | 锌 | 3.99毫克 |

# 营养师推荐的聪明宝宝营养食谱

## 黄花菜炒鸡蛋

**材料：** 干黄花菜 15 克，鸡蛋 1 个。

**调料：** 葱末、盐、植物油各适量。

**做法：**

❶ 干黄花菜用清水泡发，择洗干净；鸡蛋洗净，磕入碗中，打散，加少许清水搅匀。

❷ 炒锅置火上烧热，倒入植物油，炒香葱末，淋入鸡蛋液炒散，放入黄花菜炒熟，加少许盐调味即可。

**适合月龄：** 12 个月以上的宝宝。

## 黄花瘦肉粥

**材料：** 大米 50 克，猪瘦肉 50 克，黄花菜 30 克。

**调料：** 姜、盐少量。

**做法：**

❶ 大米淘净，浸泡 30 分钟，捞出，沥干；瘦肉洗净，切片；黄花菜洗净；姜去皮，切丝。

❷ 锅内加水，放入大米煮至稍滚。

❸ 加入肉片、黄花菜、姜丝煮沸，用小火慢慢熬煮。

❹ 待粥稠后，加盐调味即可。

**适合月龄：** 12 个月以上的宝宝。

# 荸荠　促进脑神经发育

【性味归经】味甘，性微寒，归胃、肺、肝经。

【营养功效】荸荠含有蛋白质、脂肪、碳水化合物、维生素C、维生素E及磷、钾、镁等营养物质。宝宝常吃荸荠，有清热止渴、消食化痰、清风解毒等功效，还可对小儿麻疹、咽喉肿痛、大便干燥等病症起到一定的防治作用。

## 益智关键词：磷、钾

荸荠中的磷含量是根茎类蔬菜中较高的，可以促进人体生长发育，维持人体生理功能，对宝宝脑神经的生长发育有良好的滋养作用。其所含的钾能帮助将氧气输送到脑部，使大脑思路清晰，提高记忆力。

## 食用宜忌

荸荠可以消宿食，可在饭后给宝宝喂食一点，能帮助宝宝消化。

荸荠的表皮比较容易携带细菌，烹制前一定要清洗干净，并去皮，最好用开水烫一下。

荸荠性微寒，脾胃虚寒的宝宝最好不要食用。

## 焦点营养素

### 荸荠营养素含量（以每100克可食部计）

| 营养素名称 | 含量 | 营养素名称 | 含量 |
| --- | --- | --- | --- |
| 蛋白质 | 1.2克 | 胡萝卜素 | 20微克 |
| 脂肪 | 0.2克 | 维生素C | 30毫克 |
| 碳水化合物 | 14.2克 | 磷 | 44毫克 |
| 膳食纤维 | 1.1克 | 钾 | 306毫克 |

# 聪明宝宝的
# 喂养方案

# 0~6个月的母乳喂养

0~6个月的宝宝消化吸收能力比较弱，但生长十分迅速，对于他们来说，这个阶段最理想的天然食品就是母乳。母乳中的营养是最适合此阶段宝宝的生长发育的。如果母乳不足，就要选择相应阶段的配方奶粉和母乳一起搭配喂养；如果有特殊情况，不能母乳喂养宝宝，应采用母乳的替代品——母乳化配方奶粉来喂养。配方奶粉中的营养成分跟母乳比较接近，基本能满足宝宝的需要。

## 推荐主食——母乳

母乳是婴儿最自然、最安全、最完整的天然食物，它含有婴儿成长所需的所有营养和抗体，特别是母乳含有较高的脂肪，除了供给宝宝身体热量之外，还能满足宝宝脑部发育所需的脂肪（脑部60%的结构来自于脂肪）；丰富的钙和磷可以使宝宝长得又高又壮；免疫球蛋白可以有效预防及保护婴儿免于感染及慢性病的发生；寡糖可以抑制肠道病菌增生和帮助消化。

丹麦哥本哈根预防医学机构研究发现，喂哺母乳与婴儿成人后的智商(IQ)有非常明显的正相关关系，而且IQ会随着母乳哺喂期越久而越高，直到婴儿九个月大后，才不再有关联。许多科学家认为，这是因为母乳含有婴儿成长所需的丰富营养。

除此之外，喂哺母乳时的亲密接触可加强亲子关系，并可刺激婴儿脑部及心智发育，同时喂哺母乳又可促进母亲子宫收缩，使产妇尽快恢复良好身材，所以母乳喂养对宝宝和母亲都有很大益处。

## 母乳的替代品——婴儿配方奶粉

由于种种原因，不能用纯母乳喂养婴儿时，建议首选婴儿配方奶粉喂养，不宜直接用普通液态奶、成人奶粉、蛋白粉等喂养婴儿。

婴儿配方奶粉以母乳成分为标准，追求对母乳成分的无限接近，它是在母乳缺乏或不足的情况下最能满足婴儿营养需要的食品。

与普通奶粉相比，配方奶粉去除了部分酪蛋白，增加了乳清蛋白；去除了大部分饱和脂肪酸，加入了植物油，从而增加了 DHA( 二十二碳六烯酸，俗称脑黄金 )、AA( 花生四烯酸 ) 等；配方奶粉中还加入了乳糖，使其含糖量接近人乳；降低了矿物质含量，以减轻婴幼儿肾脏负担；另外还添加了微量元素、维生素、某些氨基酸或其他成分，使之更接近人乳；甚至还可以改进母乳中铁含量过低等一些不足。

## 婴儿配方奶粉主要分为三类

| 种 类 | 适合类型 | 备 注 |
| --- | --- | --- |
| 起始婴儿配方奶粉 | 适合0~6个月的婴儿 | 母乳的替代品 |
| 后继配方奶粉或较大婴儿配方奶粉 | 适合6个月以后的婴儿 | 混合食物的组成部分 |
| 医学配方奶粉 | 适用特殊生理上的异常所需 | 如早产儿、先天性代谢缺陷儿设计配方，对牛乳过敏儿则用豆基配方等 |

# 混合喂养的方法

混合喂养是指如母乳分泌不足或因工作原因白天不能哺乳，需加用其他乳品或代乳品的一种喂养方法。混合喂养虽然比不上纯母乳喂养，但还是优于单纯人工喂养，尤其是在产后的几天内，不能因母乳不足而放弃母乳喂养。混合喂养的方法有 2 种：

1. 补授法：每次先喂哺母乳，让宝宝将乳房吸空，然后再喂配方奶。由于喂哺次数不变，而且每次都将乳房吸空，因此采用此法常常可使母乳的分泌量逐渐增多。

2. 代授法：一顿全部用母乳哺喂，另一顿则完全用配方奶，也就是将母乳和配方奶交替哺喂。在喂配方奶时，仍应将母乳挤出或吸空，以保证乳汁不断地分泌。吸出的母乳应放在清洁的容器中冷藏，仍可给宝宝吃。但要注意的是，母乳的储存时间不宜超过 8 小时。

这两种方法可根据具体情况选用，但以补授法效果较好。

# 主食喂养方案

## 0~6个月宝宝的主食喂养建议表

| 年　龄 | 主食及用量 | 餐　次 |
|---|---|---|
| 10~30分钟 | 母乳，少量（锻炼宝宝吸吮能力） | 1次 |
| 6~12小时 | 暂不喂奶，喂少量温开水 | 每2小时1次 |
| 1~3天 | 母乳或配方奶，每次喂10~15分钟 | 不定时喂奶，按需喂养 |
| 4~15天 | 母乳或配方奶，每次喂30~90克 | 每1~3小时1次 |
| 15~30天 | 母乳或配方奶，每次喂30~100克，白天在两次喂奶中间，喂25~30ml温开水 | 每3小时1次<br>全天：6时、9时、12时、15时、18时、21时、24时、3时 |
| 1~2个月 | 母乳或配方奶，每次喂60~150克 | 每3小时1次，夜间减少1次<br>全天：6时、9时、12时、15时、18时、21时、24时或3时 |
| 2~3个月 | 母乳或配方奶，每次喂75~160克 | 每3.5个小时喂1次，每日6次 |
| 4个月 | 母乳或配方奶，每次喂90~180克 | 每3.5个小时喂1次，每日约800克 |
| 5~6个月 | 母乳或配方奶，每次喂110~200克 | 每4小时喂1次，每日约900克<br>全天：6时、10时、14时、18时、22时 |

# 辅食喂养方案

母乳喂养的宝宝在两次喂奶中间加用适量温开水即可，人工喂养的宝宝可适量添加辅食。具体建议如下表所示。

# 0~6个月宝宝辅食添加建议表

| 年　龄 | 辅食及用量 | 餐　次 |
|---|---|---|
| 0~1个月 | 温开水，每次20~30克 | 白天两次喂奶中间加用 |
| 1~2个月 | 温开水或米汤，每次50克 | |
| 2~3个月 | 温开水、米汤或米糊，每次30~60克 | |
| | 浓缩鱼肝油 | 1滴/次，1次/日 |
| 4个月 | 温开水或米汤，每次90克 | 可轮流在白天两次喂奶中间饮用 |
| | 浓缩鱼肝油 | 1滴/次，2次/日 |
| 5个月 | 温开水或米汤，每次90克 | 白天喂奶中间添加 |
| | 浓缩鱼肝油 | 2滴/次，2次/日 |
| 6个月 | 温开水、凉开水或米汤，每次95克 | 喂奶中间任选1种添加 |
| | 浓米汤或婴儿米糊 | 喂奶之间添加，1次/日，每次2勺 |
| | 浓缩鱼肝油 | 2~3滴/次，2次/日 |

# 营养师推荐的聪明宝宝营养食谱

## 米汤

**材料：** 大米 15 克，水 150 毫升。

**做法：**

❶ 将大米洗净后泡 2 小时，入锅加水煮沸。

❷ 小火煮至水减半时将火关掉。

❸ 将煮好的米粥过滤，取米汤，微温时即可喂食。

## 米糊

**材料：** 婴幼儿米粉 1 勺，奶（或水）6 勺。

**做法：**

❶ 先将奶（或水）加热至沸腾，倒入碗中略晾温。

❷ 将营养米粉慢慢倒入，一边倒一边搅直至黏稠。

# 成功喂养母乳的技巧

在喂奶的过程中，妈妈要放松、舒适，宝宝要安静。

妈妈最好能用手托住宝宝的头，使宝宝的脸和胸脯靠近妈妈，下颌贴着妈妈的乳房。

妈妈用手掌托起乳房，先用乳头刺激宝宝口唇，待宝宝张嘴，将乳头和乳晕一起送入宝宝的嘴中。

待宝宝完全含住乳头和大部分乳晕后，即可自行用两颌和舌头压乳晕下面的乳窦来挤奶。

妈妈可用手指握住乳房上下方，托起整个乳房喂哺，帮助宝宝吸吮。

# 保持乳房健康有利于泌乳

健康的乳房乳腺，是泌乳的基本条件。保持乳房（特别是乳头）卫生，防止乳房挤压、损伤，对有效地提高泌乳质量极其重要。产后宜经常用开水清洗乳头，切忌使用肥皂、酒精、洗涤剂等，以免造成乳头干燥皲裂。对于乳汁分泌不足或乳房胀痛不适者，可轻轻按摩，以促进乳房血液循环和乳汁分泌。一旦出现乳头感染，应及时采取积极措施，防止乳腺炎的发生。乳母应该穿着软布料的内衣，不宜穿着化纤、粗糙之衣，谨防对乳头的不良刺激。

## 小窍门

### 充分排空乳房促进乳汁分泌

很多妈妈认为，乳房排空了，乳汁就会越产越少。这种观点是错误的。充分排空乳房，会有效刺激泌乳素大量分泌，可以产生更多的乳汁。在一般情况下，可以用手挤奶或使用吸奶器吸奶，这样可以充分排空乳房中的乳汁。也可以使用电动吸奶器，这种吸奶器能科学地模拟婴儿的吸吮频率和吸力，能更有效地达到刺激乳汁分泌的目的，效果会更好一些。

# 聪明妈妈怎么吃

产后的妈妈要摄取营养丰富、水分充足的食物以满足自己和宝宝对营养的需要，一般要注意以下几个方面：

## 增加餐次，营养丰富

每日以 5~6 餐为宜，有利于胃肠功能的恢复，减轻胃肠负担。常吃全麦及谷类食品、新鲜的蔬菜水果，以及富含蛋白质、钙和铁的食物。

## 食物干稀搭配

干的能保证营养的供给，稀的能保证水分的供应。

## 荤素搭配，避免偏食

不同食物所含的营养成分种类及数量不同，而人体需要的营养是多方面的，只有全面摄取食物，才能满足身体的需要。

## 清淡适宜

一般认为，月子里应该吃清淡适宜的食物。清淡适宜，就是葱、大蒜、花椒、酒、辣椒等应少于一般人的量，食盐也应少放。

## 注意调理脾胃

聪明妈妈应该吃一些健脾、开胃、促进消化、增进食欲的食物，如山楂、大枣、番茄等。山楂可以开胃助消化，还有促进子宫恢复等作用。

## 避免在母乳喂养期间饮酒

酒精会进入乳汁，并有可能伤害或刺激到宝宝。而且，哪怕只喝一小杯酒精饮品，也会抑制妈妈分泌乳汁的能力。

# 妈妈要知道的母乳喂养步骤

喂奶前的准备。在喂奶前，应先更换尿布，因为宝宝容易疲劳，常没吸几口就会睡着。如果在喂哺过程中宝宝睡着了，可以用挠挠脚心、捏捏耳朵等方法轻轻把宝宝推醒，待醒后一次喂饱。

喂奶时要保持正确的姿势。妈妈的手四指在下、拇指在上呈"C"字形托住乳房，拇指放在乳房上轻压，帮助宝宝含接。手指不要呈剪刀状向胸壁方向压迫乳房，否则可能导致乳汁不畅。

喂奶时，坐姿要正确。椅子要有靠背，有把手，或在腿上放一枕头，手托住孩子，这样能减少妈妈的劳累，增加乳汁分泌。

卧式哺乳通常用侧卧位。卧侧的胳膊枕在头下或枕侧，对侧手扶着宝宝。先喂靠近床那一侧的乳房，喂另一侧乳房时，可抱着宝宝一起翻身。

刺激乳汁分泌，使乳房尽量排空。每次喂哺时，应吃空一侧再吸另一侧，下次喂哺则从上次未被吸空的一侧开始。这样可以使每侧乳房轮流被吸空，乳汁被吸得越空，下次分泌的乳汁才会更多。

# 聪明妈妈的哺乳姿势

| 姿 势 | 哺乳方式 | |
| --- | --- | --- |
| 躺着喂 | 妈妈侧躺在床上，膝盖稍弯曲，放几个枕头在妈妈的头部、大腿下及背部，然后用下方的手臂放在宝宝枕侧。先喂靠近床那一侧的乳房，喂另一侧乳房时，可抱着宝宝一起翻身转至另一侧。 |  |
| 坐着喂姿势1 | 妈妈把宝宝放在腿上，用手腕托其后背，让宝宝头枕着妈妈胳膊的内侧。同时用另一只手托起乳房，待宝宝张开嘴时，把乳头和部分乳晕送入宝宝口中。喂奶时最好选择低一点的椅子，如果椅子太高，可用一个小板凳垫脚，会更舒服些。 |  |
| 坐着喂姿势2 | 剖宫产或者乳房较大的妈妈，采取这种方式比较合适。将宝宝抱在身体一侧，胳膊肘弯曲，手掌伸开，托住宝宝的头，让宝宝面对乳房，让宝宝的后背靠着妈妈的前臂。还可以在腿上放个垫子，这样妈妈会更省力、更舒服一些。 |  |

# 如何选择婴儿配方奶粉

适合宝宝的奶粉，首先是食后无便秘、无腹泻，体重和身高等指标正常增长，宝宝睡得香，食欲也正常；再就是宝宝无口气，眼屎少，无皮疹。

爸爸妈妈选择配方奶粉时要记住以下几点：

## 营养成分越接近母乳越好

目前市场上的配方奶粉大都接近于母乳成分，只是在个别成分和数量上有所不同。α-乳清蛋白含有调节睡眠的神经递质，有助于婴儿睡眠，促进宝宝大脑发育。所以，要首选 α-乳清蛋白含量接近母乳的配方奶粉。

## 根据宝宝的月份和健康来选择

奶粉说明书上都有适合的月龄或年龄，可按需选择。再就是按宝宝的健康需要选择。例如，急性或长期慢性腹泻的宝宝，由于肠道黏膜受损，多种消化酶缺乏，可选用水解蛋白配方奶粉；缺铁的孩子，可选择高铁奶粉。这些选择，最好在临床营养医师指导下进行。

## 看成分选择，宝宝健康更聪明

了解配方奶粉组成成分的作用，对奶粉的选择非常有帮助。例如：DHA 是主要针对宝宝脑部发育所添加的一种成分，是宝宝大脑发育的"脑黄金"；铁和锌能够促进神经末梢之间的传递，增强宝宝的记忆力、学习能力；牛磺酸对视力、脑部的发育非常有益，它能促进视觉神经信息的传递。

## 最贵的不一定就是最好的

选择奶粉时不要进入误区，认为贵的、进口的就是好的。有的厂家会利用家长的消费心态，炒作价格；从奶粉的配方角度来讲，其中的营养成分是没有多少不同的，同类产品的价格不会相差很多；进口奶粉都比较贵，主要贵在进口的关税和运输费，千万不要以为花了高价就会买到好产品。

# 奶瓶喂养的三大原则

原则 1：奶嘴的孔不能开得太大，否则易使宝宝一下吸入过多的奶而呛着。

原则 2：喂奶时得保持奶瓶后部始终略高于前部，使奶水能一直充满奶嘴，这样不至于让宝宝吸入空气。

原则 3：不要让宝宝平躺在床上吸奶瓶，最好抱起宝宝，使其头略高于身体，这样不易发生奶水反流或吐奶。

# 人工喂养三大注意

## 奶具要消毒

婴儿用的奶瓶、奶嘴、汤匙、碗、锅等，一定要经常消毒，并放在固定盛器中，最好是带盖的钢精锅，可以保证清洁和消毒质量。煮沸消毒法是将奶具放入沸水中，煮沸 15~30 分钟，晾干后即可。塑胶奶嘴用沸水消毒 5 分钟左右，时间不能过久，否则容易变形。玻璃奶瓶也可采用微波消毒法，具体操作方法是将清洁后的奶瓶去掉奶嘴和盖子，加入一定量的清水，放入微波炉中高火 10 分钟即可。

## 掌握好奶液的调配时间

奶汁中很容易出现细菌，要防止变质，应根据季节掌握调配的时间。炎热的夏天，配方奶粉应按喂哺时间随时冲调。冬季，如需要外出，可以提前一小时左右调配，放入保温瓶内，当需要时，取出，喂哺。但若放置时间超过 2 小时，或宝宝吸剩的奶液应丢掉，避免奶液变质，对健康不利。奶变冷后，可以把奶瓶放到热水杯中温热。

## 喂奶姿势要正确

宝宝最好斜坐在妈妈怀中，妈妈扶好奶瓶，慢慢喂哺。从开始到结束，都要使奶液充满奶头和瓶颈，避免空气进入。喂完奶，可以将宝宝抱起来，轻拍背部，排出空气，避免溢奶。

# 7~9个月的食谱

　　宝宝此阶段的主食仍为母乳或配方奶，但可逐渐添加辅助食品。添加辅食应遵循由少到多、由稀到干、由单一到多种的循序渐进原则，视宝宝的消化情况而定，要注意辅食更新不宜频繁，应隔3天再换一种。每添加一种新食物时，如果宝宝出现腹泻，应立即暂停此种食物的添加。辅食添加的时间、次数，因人而异，主要取决于每个宝宝睡眠情况及吃的兴趣和主动性。对不喜欢吃辅食的宝宝，不要强制喂食，不如一天只喂一次，保证奶量为宜。

　　除了母乳以外，乳类制品应是此阶段宝宝的重要食物来源。乳类制品营养丰富、全面，特别是钙、优质蛋白质、维生素A等营养素的良好来源，在食物性状和食用特点上也最有利于婴儿从母乳到其他食物的过渡。由于普通鲜牛奶的蛋白质和矿物质含量高于母乳，可能会给婴儿肾脏造成较大负担，建议首选适合此阶段宝宝的配方奶粉。

## 主食喂养方案

### 7~9个月宝宝的主食喂养建议表

| 年　龄 | 主食及用量 | 餐　次 |
|--------|-----------|--------|
| 7个月 | 母乳或配方奶，每次喂90~180克 | 全天：6时、10时、18时、22时 |
| 8个月 | 母乳或配方奶，每次喂110~200克 | 全天：6时、18时、22时 |
| 9个月 | 母乳或配方奶，每次喂130~220克 | 全天：6时、18时、22时 |

## 推荐主食

　　此阶段宝宝的主食仍应以母乳喂养为主，建议每天应首先保证600~800ml的奶量，以保证婴儿正常体格和智力发育，但单纯的母乳喂养已经不能满足宝宝成长发育所需要的营养，应逐渐添加牛奶、豆浆、稠粥、蛋糕等。

# 辅食喂养方案

## 7~9个月宝宝的辅食添加建议表

| 年　龄 | 辅食及用量 | 餐　次 |
|---|---|---|
| 7个月 | 温开水，100ml/次 | 进餐之间添加 |
| | 牛奶、蛋黄泥或粥 | 14时 |
| | 浓缩鱼肝油 | 2次/日，2~3滴/次 |
| 8个月 | 各种果汁、水等任选1种，120ml/次 | 进餐之间添加 |
| | 牛奶、蛋黄泥、果泥或粥等 | 10时、14时 |
| | 面包干、馒头干、磨牙饼干等 | 1~2次，锻炼咀嚼能力 |
| | 浓缩鱼肝油 | 2次/日，3滴/次 |
| 9个月 | 各种果汁、菜汁、温开水，任选1种，120ml/次 | 进餐之间添加 |
| | 牛奶、蛋黄泥、果泥、蔬菜泥或粥等 | 10时、14时 |
| | 面包干、馒头干、磨牙饼干等 | 1~2次，锻炼咀嚼能力，帮助牙齿生长 |
| | 浓缩鱼肝油 | 2次/日，3滴/次 |

# 营养师推荐的聪明宝宝营养食谱

## 蛋黄泥

**材料：** 鸡蛋 1 个，开水（或米汤）适量。

**做法：**

❶ 鸡蛋煮熟后取出蛋黄，用小勺碾碎，第一次 1/4 个蛋黄即可。

❷ 将蛋黄用温开水（或米汤）调成泥状即可，宝宝适应后可逐渐加量。

**贴心小提示：** 蛋黄中含有蛋白质、脂肪、油酸、多种维生素、微量元素和卵磷脂。对孩子的大脑发育有益。蛋黄对孩子补铁也有益，也可用果汁或菜水调，里面的维生素 C 能促进蛋黄里的铁吸收。

## 茄子泥

**材料：** 嫩茄子 1/2 个。

**做法：**

❶ 将茄子切成 1 厘米的细条。

❷ 把茄子条蒸 10 分钟，蒸烂即可。

❸ 将蒸烂的茄子放在滤网上，用勺子挤成茄泥即可。

**贴心小提示：** 茄子的营养比较丰富，含有蛋白质、脂肪、碳水化合物、维生素，以及钙、磷、铁等多种营养成分。注意茄子一定选择嫩的，老茄子的子，宝宝不易吞咽，还可能造成气管异物。

## 土豆泥

**材料：** 土豆 1 个，水适量。

**做法：**

❶ 将土豆蒸熟后，剥皮。

❷ 用勺把土豆碾成细泥，1 勺土豆泥加 1 勺水拌匀即可。

**贴心小提示：** 土豆富含淀粉、蛋白质、B 族维生素、维生素 C，以及钙、钾等微量元素，且较易于宝宝消化吸收。

# 菜花泥

**材料：** 菜花 1 小朵，水或奶 1/3 勺。

**做法：**

❶ 将菜花切碎。

❷ 菜花蒸或煮软后，过滤放入小碗。

❸ 用勺碾成细泥后，加水或者奶调匀即可。

**贴心小提示：** 菜花富含蛋白质、脂肪、碳水化合物、膳食纤维、多种维生素和钙、磷、铁等矿物质。质地细嫩，味甘鲜美，食后易消化吸收。

# 油菜泥

**材料：** 油菜叶 5 片，米汤 2 勺。

**做法：**

❶ 将油菜洗净后，加适量水煮至熟烂。

❷ 将炖烂的油菜捣碎并过滤。

❸ 将油菜和米汤放入小锅中，用火煮成泥状即可。

**贴心小提示：** 油菜中含有丰富的钙、铁和维生素 C，胡萝卜素也很丰富，是宝宝黏膜及上皮组织维持生长的重要营养源。

# 南瓜泥

**材料：** 南瓜 20 克，米汤 2 勺。

**做法：**

❶ 将南瓜削皮、去子。

❷ 南瓜蒸熟后捣碎并过滤。

❸ 将南瓜和米汤放入锅内用小火熬煮成泥状即可。

**贴心小提示：** 南瓜味香甜，富含维生素、矿物质、氨基酸，包括宝宝发育必需的组氨酸、可溶性纤维、叶黄素和磷、钾、钙、镁、锌等有益于宝宝智力、身体发育的营养素。

# 青菜汁

**材料：** 苋菜（或油菜、芹菜等）50 克。

**做法：**

❶ 将青菜洗净，切碎。

❷ 将青菜放入沸水中，烫约 2 分钟熄火。

❸ 待水稍凉后，将青菜滤出，留下菜汁即可。

**贴心小提示：** 青菜富含维生素、胡萝卜素、钙、铁，是宝宝营养素的来源之一。

# 柳橙汁

**材料：**新鲜柳橙 1 个，温开水适量。

**做法：**

❶ 将新鲜柳橙对半切开，挤汁。

❷ 添加等量温开水，将果汁稀释后饮用。

**贴心小提示：**柳橙汁含有丰富的维生素 C、柠檬酸、苹果酸、果胶等营养成分，适合 5~6 个月以上的宝宝适量饮用。

# 蔬菜米糊

**材料：**胡萝卜 15 克，小白菜 15 克，小油菜 15 克，婴儿米粉适量。

**做法：**

❶ 将所有准备的蔬菜洗净，切成细碎状。

❷ 将青菜放入沸水中，烫约 2 分钟熄火。

❸ 待水稍凉后，将蔬菜滤出，留下菜汤。

❹ 将蔬菜汤加入婴儿米粉中拌匀即可。

# 苹果泥

**材料：**苹果半个。

**做法：**

❶ 苹果洗净、去皮。

❷ 用钢制小勺轻刮苹果果肉，刮出细泥即可。

**贴心小提示：**苹果含有丰富的矿物质和多种维生素。宝宝常吃苹果泥，可使皮肤细嫩红润，还能助消化、防病强身。

# 10~12个月的食谱

　　10~12个月的宝宝，哺乳量应逐渐减少。单纯的母乳喂养已经不能满足宝宝成长发育所需要的营养，应逐渐添加米、面、杂粮等谷类食物为主的辅食。辅食中肉、蛋、鱼类、蔬菜、水果的添加要增多，要注意宝宝的营养平衡，更要做到均衡膳食，控制宝宝的进餐时间，以20~30分钟为限。此阶段宝宝的食量为成人食量的1/3，每餐的食物约半小碗，适当再给宝宝补充些牛奶就可以了。食物的制作上，可以不像以前那样，把食物制成泥或糊，因为经过不断的咀嚼训练，此时的宝宝已经会用牙龈咬食物了，有些蔬菜只要切成丝或薄片即可。饮食应少盐少糖，不要给宝宝吃辛辣刺激性食物。

## 主食喂养方案

### 10~12个月宝宝的主食喂养建议表

| 年　龄 | 主　食 | 餐　次 |
|---|---|---|
| 10个月 | 母乳或配方奶 | 母乳及其他主食一日3~4次 |
| | 稠粥、面条、菜肉粥等 | 在18时喂奶前可增加饼干、稠粥等 |
| 11个月 | 母乳或配方奶 | 母乳或配方奶：6时、22时各1次 |
| | 稠粥、鸡蛋、菜肉粥、菜泥、牛奶、豆浆、豆腐脑、面条等 | 10时：稠粥或菜肉粥1小碗，菜泥3~4汤匙，鸡蛋半个<br>14时：牛奶、鸡蛋羹、豆腐脑等，100克/次<br>18时：面条1小碗 |
| 12个月 | 母乳或配方奶 | 母乳：6时、22时各1次，200克/次 |
| | 牛奶、豆浆、面包干、馒头片、面包片、粥、菜泥、饺子、馄饨、面条、蛋泥、蛋羹、鱼肉等 | 10时：面包干、馒头、粥1小碗，菜泥1~2汤匙<br>14时：面条加肉泥、肉汤1小碗<br>18时：稠粥加蛋泥、蛋羹、鱼肉，或豆腐脑加鱼松1小碗 |

# 营养师推荐的聪明宝宝营养食谱

## 生菜碎肉粥

**材料：** 生菜 100 克，瘦猪肉 50 克，大米 50 克。

**做法：**

❶ 生菜洗净，切成菜末；瘦猪肉洗净，切成肉末。

❷ 锅中放适量清水，将大米放入其中煮粥；待水沸腾时放入猪肉末，再次沸腾后转小火熬粥。

❸ 粥快成时放入生菜碎末，开大火，煮开即可。

## 果味牛奶麦片粥

**材料：** 麦片 3 勺，牛奶 1/2 杯，苹果 1/6 个，胡萝卜 1/5 根。

**做法：**

❶ 将苹果和胡萝卜用擦菜板擦成丝。

❷ 将麦片、胡萝卜丝、水放入锅内用小火煮开。

❸ 加入苹果丝，直至煮软，加入牛奶，煮开后关火，晾至温热即可。

**贴心小提示：** 此粥中蛋白质、膳食纤维、微量元素及维生素较丰富。

## 鲑鱼面条

**材料：** 鲑鱼、面条、丝瓜各 30 克，姜丝适量。

**做法：**

❶ 面条放入沸水中煮熟，捞起，切成小段。

❷ 丝瓜洗净，切细丝。

❸ 锅内放入适量清水，煮开后放入姜丝和鲑鱼，煮熟后捞出姜丝，放入切好的丝瓜和面条，煮熟即可。

**贴心小提示：** 鲑鱼的脂肪中含有丰富的不饱和脂肪酸，对宝宝的智力发育很有帮助。

## 辅食喂养方案

### 10~12个月宝宝的辅食喂养建议表

| 年　龄 | 辅食及用量 | 餐　次 |
|---|---|---|
| 10个月 | 水、果汁、鲜水果等，任选1种，120克/次 | 10时1次 |
| | 嫩豆腐、鱼松等，1~2汤匙 | 18时添加1次 |
| | 浓缩鱼肝油 | 2次/日，3滴/次 |
| 11个月 | 水、果汁、水果泥等，任选1种，120克/次 | 10时1次 |
| | 各种蔬菜、肉末、肉汤、碎肉等适量 | 18时添加1次 |
| | 蛋类及其制品，鸡蛋用半个即可 | 6时添加1次 |
| | 浓缩鱼肝油 | 2次/日，3滴/次 |
| 12个月 | 水、果汁、水果泥、果酱等，120克/次 | 14时1次 |
| | 肉类 | 隔日食1次，每次10~30克 |
| | 各种蔬菜、豆腐等可逐步加大用量 | 每次食用50~100克 |
| | 浓缩鱼肝油 | 2次/日，3滴/次 |

# 营养师推荐的聪明宝宝营养食谱

## 番茄牛肉汤

**材料：** 番茄半个，土豆 50 克，牛肉 50 克。

**做法：**

❶ 番茄洗净，切成小块；土豆洗净，切小块；牛肉洗净，切成肉末，待用。

❷ 锅中放适量的清水，放入土豆块、牛肉末，煮至土豆、牛肉熟烂后放入番茄。

❸ 待牛肉汤再次沸腾后，熄火即可。

## 鸭血豆腐羹

**材料：** 鸭血豆腐 100 克，鸡汤 1 小杯。

**调料：** 盐、淀粉各适量。

**做法：**

❶ 将鸭血豆腐洗净，切成小块。

❷ 将鸡汤加淀粉、盐搅拌匀。

❸ 将鸡汤加热，边加热边搅拌。

❹ 加鸭血块煮沸后，继续边煮边搅 5 分钟，关火晾至温热即可。

## 肉末蒸圆白菜

**材料：** 猪肉末 100 克，圆白菜叶 50 克。

**调料：** 酱油、葱末、植物油各适量。

**做法：**

❶ 将圆白菜用开水焯烫一下备用。

❷ 锅置火上，倒油烧至三成热，下入肉末煸炒至断生，加入葱末、酱油搅炒两下。

❸ 将炒好的肉末倒在圆白菜上卷好，放蒸锅里蒸，上气后蒸 3 分钟即可。

# 素炒菠菜

**材料：**菠菜 2 棵。

**调料：**植物油、盐、蒜末各适量。

**做法：**

❶ 将菠菜洗净、切碎。

❷ 锅置火上，倒油烧热，炒香蒜末，倒入菠菜迅速翻炒，加盐调味，翻炒拌匀后即可。

**贴心小提示：**菠菜中所含的胡萝卜素，可在人体内转变成维生素 A，能维护宝宝正常视力和上皮细胞的健康，增加预防传染病的能力，促进儿童生长发育。

# 虾菇油菜心

**材料：**油菜心 4 棵，香菇 3 朵，鲜虾仁 4 个。

**调料：**油、盐、水淀粉、蒜末各适量。

**做法：**

❶ 将香菇、虾仁、油菜心分别洗净，切碎。

❷ 锅内倒油加热后加蒜末炒香，然后倒入原料迅速翻炒，水淀粉勾芡，加盐调味即可。

**贴心小提示：**含有大量胡萝卜素、维生素 C、氨基酸和钙，有助于增强宝宝的免疫能力。

# 冬瓜炖肉圆

**材料：**冬瓜 100 克，肉馅 50 克，香菇 2 朵。

**调料：**葱末、姜末、盐、水淀粉各适量。

**做法：**

❶ 将冬瓜洗净，削皮，切成小块。

❷ 将香菇洗净，切成碎末，与肉末、盐、葱末、姜末搅拌成肉馅，捏成小肉丸。

❸ 把冬瓜、肉丸放入沸水锅中，煮开 6 分钟后关火取出，倒入盘内。

❹ 将锅内肉汤留少许烧热，加葱末、水淀粉、盐调成薄芡汁，浇入盘中即可。

# 珍珠丸子汤

**材料：**荸荠 3 个，肉末 1 勺。

**调料：**葱末、姜末、香菜末、水淀粉、盐各适量。

**做法：**

❶ 将荸荠去皮，制成珍珠小丸子。

❷ 将肉末、葱末、姜末、水淀粉、盐调成肉馅，捏成小肉丸。

❸ 水煮沸后下小肉丸、荸荠珍珠，煮沸后再煮 5 分钟。

❹ 汤中加盐、香菜末，关火，晾至温热即可。

# 豆腐肉丝羹

**材料：** 豆腐 100 克，猪肉 50 克，泡黑木耳 1 朵，肉汤 100 毫升。

**调料：** 盐、淀粉、葱末各适量。

**做法：**

❶ 将豆腐洗净，切成细条；黑木耳泡发，撕小块；将猪肉洗净，切成细丝，加淀粉、葱末拌匀。

❷ 将肉汤、豆腐条、盐、淀粉放入锅内边煮边搅，煮沸后放细肉丝、葱末、黑木耳搅拌，再次煮沸后继续煮 3 分钟即可。

# 西班牙式煎蛋

**材料：** 鸡蛋 1 个，菠菜 1 棵，土豆泥 2 勺，番茄 1/4 个。

**调料：** 洋葱末、盐、牛奶、黄油各适量。

**做法：**

❶ 把番茄洗净，去皮后切成碎块；菠菜洗净，煮软后切成小段。

❷ 鸡蛋打散，加牛奶搅拌均匀。

❸ 黄油放入煎锅加热，加上述蔬菜炒香，加盐调味。

❹ 将蛋液倒入热锅中，摊成蛋饼即可。

# 海带细丝肉丸汤

**材料：** 海带 50 克，肉末 1 勺，水 1/2 杯。

**调料：** 盐、葱末、姜末各适量。

**做法：**

❶ 将海带洗净，切成细丝。

❷ 将肉末、葱末、姜末、盐搅拌成肉馅，制成小肉丸。

❸ 将水煮沸后下肉丸、海带丝，煮沸后再煮 5 分钟，加盐，关火即可。

# 1岁至1岁半的食谱

1岁生日以后，宝宝的生长速度减慢了，食欲会有所下降。此时宝宝的主食由乳类向普通食物转化，一般早晚饮用两次牛奶。同时根据宝宝的牙齿发育情况，适时增加细、软、碎、烂的膳食，种类不断丰富，数量不断增加。爸爸妈妈可以把宝宝一天的食物分成三小餐和两次零食，尽可能变换口味并保持营养。保证孩子基本营养成分由以下4类食物组成：

1. 肉、鱼、家禽、鸡蛋；

2. 奶制品；

3. 水果和蔬菜；

4. 谷类、薯类、米饭、面包、面食。

当你设计孩子的菜单时，要记住胆固醇和其他脂肪对孩子的生长发育非常重要，在这个时期不应该过于限制。此阶段要避免宝宝吃糖或加糖的甜食，但可以让孩子吃少量水果、面包、饼干等代替。此时形成的饮食习惯可能会持续宝宝的一生。

## 主食喂养方案

### 1岁至1岁半宝宝一日食谱建议表

| 早餐<br>（8:00~9:00） | 午餐<br>（12:00） | 午点<br>（16:00） | 晚餐<br>（18:00） | 夜宵<br>（21:00） |
| --- | --- | --- | --- | --- |
| 牛奶200~250克、煮鸡蛋、豆沙包或天津包子等 | 翡翠鲑鱼卷、菠菜汤、软饭 | 麻酱花卷等点心或粥类适量 | 甜椒肝丝、炒三丁、软饭 | 牛奶或粥200~250克 |

# 营养师推荐的聪明宝宝营养食谱

## 胡萝卜粥

**材料：** 胡萝卜 1/2 根，排骨清汤 300 毫升，米饭 50 克。

**调料：** 盐适量。

**做法：**

❶ 胡萝卜洗净，切碎。

❷ 将排骨清汤、米饭、胡萝卜放在锅内煮。

❸ 粥煮至黏稠，加盐，关火即可。

## 三文鱼油菜粥

**材料：** 三文鱼肉 20 克，米饭 50 克，油菜叶 6 片。

**调料：** 姜 1 片、盐适量。

**做法：**

❶ 锅里放水，放入洗净的三文鱼肉和姜片，煮熟。

❷ 将鱼肉挑出，剔除鱼刺，捣成鱼泥。

❸ 将米饭放入鱼汤，边煮边搅至黏稠。

❹ 加入鱼泥，边煮边搅，倒入油菜，边煮边搅，煮开 1 分钟后，用盐调味即可。

## 老南瓜胡萝卜粥

**材料：** 大米 30 克，老南瓜、胡萝卜各 10 克。

**做法：**

❶ 大米洗净，浸泡半小时。

❷ 老南瓜去皮，去子，洗净，切小丁；胡萝卜去皮，洗净，切成小丁。

❸ 将大米、老南瓜丁、胡萝卜丁倒入锅中大火煮开，再调小火煮熟即可。

# 玉米蓉通心粉

**材料：** 熟玉米粒50克，通心粉3汤匙，熟鸡蛋黄1只。

**调料：** 盐、糖、植物油各适量。

**做法：**

❶ 通心粉放入滚水中煲滚，慢火煲7分钟熄火，焗5分钟。

❷ 通心粉黏后捞起，冷后切成小粒；熟蛋黄搓成蓉备用。

❸ 把1/3杯水放入小煲内煲滚，放下玉米粒及通心粉，搅匀煲滚后，再煲片刻，下鸡蛋黄、盐、糖、油，搅匀煲滚，晾至温热即可喂食。

# 三鲜小馄饨

**材料：** 河虾50克，猪腿肉50克，鸡蛋1个，小馄饨皮10张。

**调料：** 黄酒、盐各适量。

**做法：**

❶ 将河虾在开水中烫熟，剥出虾脑、虾肉。

❷ 猪腿肉绞碎，和虾脑、虾肉一起拌匀，加黄酒、盐，打入鸡蛋，再拌匀。

❸ 用小馄饨皮将馅料包好，煮熟即可。

# 如意卷

**材料：** 猪通脊肉500克，鸡蛋清4个，鸡蛋150克，虾子50克，菠菜叶50克。

**调料：** 水淀粉、盐各适量。

**做法：**

❶ 将猪肉洗净，切成薄片，剁成泥，放入蛋清、水淀粉、盐，用手抓匀。

❷ 将鸡蛋打入碗内，放水淀粉、盐调匀，入平底锅摊成四张蛋皮，铺于案上。

❸ 将调好的肉馅均分到四张蛋皮上，再撒上虾子和菠菜叶，将蛋皮先

从一头卷起，卷至中间时，再从另一头向中间卷，至两卷并对，稍按平，用洁净的湿纱布将如意卷包上，上屉大火蒸15分钟，取出，用木板压一下，将布揭去，切成段即可。

# 翡翠鲑鱼卷

**材料：** 鲑鱼肉 300 克，油麦菜 240 克，冬笋条 50 克。

**调料：** 火腿条、韭黄、盐、高汤各适量。

**做法：**

❶ 将鲑鱼肉洗净，切成片状，用盐腌片刻。

❷ 将腌好的鲑鱼片，卷入冬笋条、火腿条，用沸水烫软的韭黄扎好。

❸ 鲑鱼卷上笼屉大火蒸熟，油麦菜用高汤烫熟，排放在盘子周围。

❹ 将鲑鱼卷摆放在盘子中间，即可食用。

# 炒三丁

**材料：** 鸡蛋 1 个，豆腐 50 克，黄瓜 1 条。

**调料：** 葱末、盐、水淀粉、植物油各适量。

**做法：**

❶ 鸡蛋取蛋黄放入碗内调匀，倒入抹匀油的方盘内，上屉蒸 4 分钟，取出切成小丁。

❷ 将豆腐、黄瓜洗净，切成丁。

❸ 热锅内放点油，用葱末炝锅，放入蛋黄丁、豆腐丁、黄瓜丁，加适量水及盐，烧透入味，用水淀粉勾芡即可。

# 奶油焖虾仁

**材料：** 净虾仁 500 克，奶油半杯，蛋黄 1 个。

**调料：** 色拉油、料酒、盐各适量。

**做法：**

❶ 油锅起火，油热后加入虾，大火快炒，加入料酒、盐，待虾仁熟后取出。

❷ 将鸡蛋打入碗中，滤去蛋清，留下蛋黄，打散。

❸ 将奶油倒入锅中，小火煮 5 分钟左右。

❹ 将蛋黄打入奶油中，快速搅拌，煮沸时加入虾仁，稍煮即可。

# 1岁半至2岁的食谱

　　这个阶段宝宝的乳牙已经大部分出齐，消化能力进一步提高。在三餐安排上可以参照成人的饮食内容。主食以米、面、杂粮等谷类为主；蛋白质主要来自乳、鱼、蛋、肉等食物；钙、铁、磷等矿物质主要来自蔬菜和部分动物性食品；维生素主要来自水果、蔬菜；给孩子吃糖要适量。不宜吃辛辣刺激或其他不易消化的食物。均衡营养，菜肴要注意新鲜和色、香、味的配合，爸爸妈妈尽量和宝宝一起用餐，以增进与宝宝的感情，更要注意让宝宝培养良好的饮食习惯，从此爱上餐桌。

## 主食喂养方案

### 1岁半至2岁宝宝一日食谱建议表

| 早餐<br>（8:00~9:00） | 午餐<br>（12:00） | 午点<br>（16:00） | 晚餐<br>（18:00） | 夜宵<br>（21:00） |
| --- | --- | --- | --- | --- |
| 牛奶或豆浆200~250克、玉米松饼等 | 鱼丝烩玉米、豆腐蛋汤、软米饭 | 蝴蝶卷等点心或粥类适量 | 蒜蓉南瓜、丸子烧油菜、软米饭 | 绿豆沙牛奶200~250克 |

# 营养师推荐的聪明宝宝营养食谱

## 绿豆沙牛奶

**材料：**绿豆 25 克，牛奶 1 杯。

**调料：**儿童蜂蜜适量。

**做法：**

❶ 绿豆洗净，煮软后取 2 汤匙。

❷ 加牛奶、蜂蜜拌匀即可（一起放入果汁机搅打，口感更细腻）。

**贴心小提示：**牛奶和绿豆的营养相辅相成，提供了丰富的动物蛋白、植物蛋白、卵磷脂等有益于宝宝发育的营养素，特别适合宝宝下午或晚上食用。

## 豆腐肉丸汤

**材料：**番茄 100 克，豆腐 100 克，鸡蛋 1 个。

**调料：**盐、香油各适量。

**做法：**

❶ 将豆腐洗净，切成菱形小片，用开水烫一下，捞出沥干水；番茄洗净，用开水烫一下，去皮，也切成小片；鸡蛋磕入碗内，打散。

❷ 锅内放入水、豆腐、番茄，煮沸后，将蛋液淋入汤内，加盐、香油，盛入盆内即可。

## 番茄豆腐

**材料：**番茄 30 克，豆腐 40 克。

**调料：**盐少许。

**做法：**

❶ 番茄洗净切丁；豆腐切丁，备用。

❷ 锅置火上，放油烧热，下入番茄丁翻炒，再加入豆腐、盐拌炒熟即可。

# 蒜蓉南瓜

**材料：** 南瓜 100 克。

**调料：** 植物油、蒜蓉、盐各适量。

**做法：**

❶ 南瓜去皮、子，洗净，切成小块。

❷ 将油倒入热锅中，烧至七八成热时，加入蒜蓉炒香，加入南瓜翻炒，然后加水煮 10 分钟，加盐调味即可。

**贴心小提示：** 南瓜含有丰富的维生素和矿物质，是宝宝应常吃的蔬菜。

# 鱼丝烩玉米

**材料：** 黄鱼 1 条，蛋清 1 个，玉米粒 100 克。

**调料：** 植物油、盐、清汤、水淀粉各适量。

**做法：**

❶ 黄鱼去皮和内脏，去除鱼头、鱼刺、鱼骨，洗净，改刀成黄豆芽粗细的丝状，清水漂净，用盐、蛋清、水淀粉拌匀备用。

❷ 锅内倒油，放鱼丝滑油至熟捞出。

❸ 锅洗净，放入清汤适量，加盐、玉米粒烧开，放入鱼丝，汤烧开后用水淀粉勾芡即可。

# 洋葱猪肉炒鸡蛋

**材料：** 鸡蛋 3 个，紫皮洋葱 1 个，猪肉碎 50 克。

**调料：** 盐、米酒、酱油、白糖、油、水淀粉各适量。

**做法：**

❶ 鸡蛋打入碗中，加少许水和盐搅拌均匀备用；洋葱择洗干净，切粒。

❷ 猪肉碎用米酒、酱油、白糖、油、盐、水淀粉拌匀，腌渍片刻。

❸ 用少许油热锅，然后把肉碎和洋葱倒进锅里爆炒一会儿，肉八成熟时，把蛋液倒入同炒，蛋熟起锅即可。

# 丸子烧油菜

**材料：** 猪肉馅 100 克，油菜 400 克。

**调料：** 植物油、酱油、盐、水淀粉、葱末、姜末各适量。

**做法：**

❶ 将肉馅放入盆内，加入葱姜末、盐、水淀粉、酱油搅拌均匀，用手挤成直径 1.5 厘米大小的丸子，下入七八成热的油内，炸成黄色后捞出待用。

❷ 将适量植物油放入锅内，投入菜梗煸至六七成熟，加盐，再下菜叶合煸，然后将肉丸子放入，并加酱油和少量水，一同煮熟即可。

# 肉末口蘑烧茄子

**材料：** 猪肉末 50 克，茄子 500 克，口蘑碎 5 克。

**调料：** 植物油、盐、酱油、葱末、姜末、蒜末各适量。

**做法：**

❶ 将茄子洗净，削去皮，切成 1.5 厘米大小的菱形块。

❷ 将油入锅内，热后投入茄子煸炸至呈黄色，加入葱末、姜末煸炒，投入蒜末、肉末，炒拌均匀，再放入口蘑、酱油、盐以及泡口蘑的水，烧至茄子入味即可。

# 玉米肉圆

**材料：** 猪肉馅 150 克，鸡蛋 1 个。

**调料：** 玉米粒、盐、淀粉各适量。

**做法：**

❶ 猪肉馅中放入鸡蛋、盐、淀粉调匀，顺时针方向搅拌。

❷ 将肉馅分成一个个的小丸子，每个丸子裹上一层玉米粒，码入盘内，入锅以中火蒸 8 分钟即可食用。

**贴心小提示：** 玉米有天然甜味，质地细腻，很适合宝宝食用。这道菜色泽明亮、鲜甜可口，可促进宝宝食欲。

# 拌鱼肉

**材料：** 黄花鱼 1 条。

**调料：** 香油、盐、醋、葱末、姜末各适量。

**做法：**

❶ 黄花鱼收拾干净，上屉蒸至断生时取出，去掉鱼头、鱼尾、骨刺和皮，取鱼肉。

❷ 加入盐、醋、香油、葱末、姜末拌匀，装盘即可。

**贴心小提示：** 新鲜的黄花鱼鱼肉中蛋白质及钙、磷、铁、碘等无机盐含量都很高，而且鱼肉柔软，易于消化吸收，是宝宝补脑益智的美味佳肴。

# 2~3岁的食谱

2~3岁的宝宝即将进入幼儿园学习，锻炼好吃饭能力就显得非常紧迫了。否则，入园后宝宝在吃饭能力上的落后，必然影响到身体发育。良好的进食习惯包含两方面内容：一是指进餐的规律性，即能否做到定时定量。对于2岁以上的宝宝，每天应安排好三餐三点（即早、午、晚餐，早、午、晚点）；二是指食物的内容，即是否有挑食、偏食、零食的习惯，饮食结构是否均衡合理。除了培养良好的进食习惯，还要锻炼宝宝自己尝试用勺、碗吃饭。每天可以吃100~200克水果，相当于一个中等大小的橘子或半个大苹果。

## 主食喂养方案

### 2~3岁宝宝一日食谱建议表

| 早餐<br>（8:00~9:00） | 午餐<br>（12:00） | 午点<br>（16:00） | 晚餐<br>（18:00） | 夜宵<br>（21:00） |
|---|---|---|---|---|
| 牛奶或豆浆250克、鸡蛋、吐司沙拉 | 核桃鸡丁、冬瓜蛋花汤、软饭 | 面包、椰蓉酥或粥类 | 煎白菜肉卷、青菜肉丝鸡蛋汤、软饭 | 牛奶250克 |

# 营养师推荐的聪明宝宝营养食谱

## 五彩饭团

**材料：** 米饭 200 克，鸡蛋 1 个，火腿、胡萝卜、海苔各适量。

**做法：**

❶ 米饭分成 8 份，搓成圆形。

❷ 鸡蛋煮熟，取蛋黄切成末；火腿、海苔切末；胡萝卜洗净，去皮，切丝后焯熟，捞出后切细末。

❸ 在饭团外面分别黏上蛋黄末、火腿末、胡萝卜末、海苔末即可。

## 芝麻南瓜饼

**材料：** 南瓜 500 克，面粉 100 克。

**调料：** 黑芝麻少许，白糖适量。

**做法：**

❶ 南瓜削皮，切成小块，鸡蛋打散。南瓜用水煮至熟透，沥干水分，然后用勺子碾碎，加入面粉、白糖，搅拌均匀。

❷ 将和匀的南瓜拍成圆饼状，在一个小碗里倒入适量黑芝麻，将南瓜饼的表面黏上芝麻。

❸ 锅内倒油，八成热时放入南瓜饼煎熟，盛盘即可。

# 海带炒肉丝

**材料：** 肥瘦猪肉 50 克，水发海带丝 100 克。

**调料：** 植物油 15 克，酱油、盐、白糖、葱姜末、水淀粉各适量。

**做法：**

❶ 猪肉用清水洗净，切成肉丝。

❷ 锅置火上，倒入植物油，油热后下入肉丝，大火煸炒 1 分钟，加入葱姜末、酱油搅拌均匀，投入海带丝、清水（以漫过海带为度）、盐、白糖，大火炒 2 分钟，用水淀粉勾芡出锅即可。

# 芹菜炒肉丝

**材料：** 瘦猪肉 100 克，芹菜 200 克。

**调料：** 植物油、酱油、盐、水淀粉、葱姜末各适量。

**做法：**

❶ 芹菜择洗干净，切成 2 厘米长的细丝；瘦猪肉洗净，切成 2 厘米细丝，放入盆内，加水淀粉、盐上浆，用油滑散捞出。

❷ 将植物油放入锅内，热后下葱姜末炝锅，投入芹菜煸炒至断生，加入肉丝搅拌均匀，再加入酱油、盐炒匀出锅即可。

# 胡萝卜炖牛肉

**材料：** 牛肉 200 克，胡萝卜 200 克。

**调料：** 酱油、盐各适量。

**做法：**

❶ 牛肉洗净，切块，放入冷水中浸洗几分钟去血水，再放入滚水中烫去血水，捞出；胡萝卜洗净，去皮，切成跟牛肉差不多大小的块。

❷ 炖锅烧热开水，把牛肉放入炖大约 15 分钟，胡萝卜、酱油、水（没过牛肉）放入炖锅大火烧开，之后中小火炖 1 个半小时至接近熟的时候，再加盐煮几分钟至熟即可。

# 肉末胡萝卜炖豆腐

**材料：** 豆腐 250 克，肉末 100 克，胡萝卜、蒜苗各 50 克。

**调料：** 植物油、盐、酱油、葱花各适量。

**做法：**

❶ 将豆腐洗净，切成 1.5 厘米见方的丁；胡萝卜洗净，切细丝；蒜苗择洗干净，切成 1 厘米长的段。

❷ 用热油锅煸炒肉末后，放入葱花、酱油炒出香味后，放入胡萝卜炒熟，加入豆腐和水（以漫过豆腐为度），待豆腐炖至入味，加入蒜苗、盐即可。

# 冬瓜蛋花汤

**材料：**冬瓜500克，鸡蛋2个，鸡汤500克。

**调料：**盐适量。

**做法：**

❶ 将冬瓜去皮，除瓤和子，洗净，切成菱形小片；鸡蛋磕入碗内，搅散待用。

❷ 鸡汤烧开，放入冬瓜煮至熟烂，淋入蛋液，放盐调味，关火盛出即可。

# 鸽蛋益智汤

**材料：**枸杞子10克，龙眼肉10克，葱片5克，姜片5克，鸽蛋10个。

**调料：**盐、香菜末、清汤各适量。

**做法：**

❶ 将枸杞子、龙眼肉用温水洗净，放入锅中加清汤煮10分钟，加盐、葱片、姜片备用。

❷ 鸽蛋用小锅加清水煮熟，剥去壳，放入清汤，加火烧沸，出锅，撒上香菜末即可。

# 核桃鸡丁

**材料：**鸡胸肉100克，核桃仁30克，西蓝花50克。

**调料：**枸杞子、料酒、盐、油各适量。

**做法：**

❶ 鸡胸肉去皮，洗净，切丁，加少许料酒、盐，拌匀后腌15分钟左右。

❷ 核桃仁用油炸酥，放凉待用。

❸ 枸杞子、西蓝花洗净，用开水焯烫备用。

❹ 炒锅内加少量油，将腌渍后的鸡胸肉炒熟，放入核桃仁、西蓝花、枸杞子，加盐炒匀即可。

# 3~6岁的食谱

3~6岁是孩子生长发育的关键年龄，这个时候，孩子对部分营养素的需要量多于成人的需要量，用于满足生长和发育。每个孩子每天应该适量摄入能量、蛋白质、脂类、碳水化合物、常量元素、微量元素、脂溶性维生素、水溶性维生素等。在膳食方面要注意以下几点：

每天饮奶，常吃大豆及其制品。

膳食清淡少盐，正确选择零食，少喝含糖高的饮料。

食量与体力活动要平衡，保证正常体重增长。

不挑食、不偏食，培养良好饮食习惯。

吃清洁卫生、未变质的食物。

食物多样，谷类为主。

常吃新鲜蔬菜和水果。

经常吃适量的鱼、禽、蛋、瘦肉。

## 主食喂养方案

### 3~6岁儿童一日食谱建议表

| 早餐<br>（8:00~9:00） | 午餐<br>（12:00） | 午点<br>（16:00） | 晚餐<br>（18:00） | 夜宵<br>（21:00） |
| --- | --- | --- | --- | --- |
| 牛奶、豆浆或果汁250克、鸡蛋、南瓜饼 | 虾仁豆腐、冬瓜蛋花汤、软饭 | 水果、面包或粥类适量 | 芙蓉鸡片、白玉金银汤、软饭 | 牛奶250克 |

# 营养师推荐的聪明宝宝营养食谱

## 红豆薏米粥

**材料：** 红豆50克，薏米25克，大米50克。

**做法：**

❶ 将红豆洗净，浸泡4小时；薏米淘洗干净，浸泡2小时；大米淘洗干净。

❷ 将三种原料加入适量的水（大约1000毫升），熬熟即可。

## 肉片面筋菠菜

**材料：** 瘦猪肉片50克，油面筋块50克，菠菜100克。

**调料：** 植物油、生抽、盐、白糖、水淀粉、葱末、姜末各适量。

**做法：**

❶ 瘦猪肉片用水淀粉、盐上浆，然后过油滑散捞出沥油；菠菜洗干净，用开水焯烫后切成小段。

❷ 将植物油倒入锅中烧热，下葱末、姜末炝锅，投入滑好的肉片、生抽、盐、白糖，翻炒均匀，放入菠菜、面筋，大火翻炒2分钟即可。

## 八宝粥

**材料：** 红豆、扁豆、花生仁、薏米、核桃肉、龙眼、红枣各10克，大米150克。

**调料：** 白砂糖适量。

**做法：**

❶ 红豆、扁豆、薏米淘洗干净，用清水浸泡2小时；大米淘洗干净。

❷ 红豆、扁豆、花生仁、薏米、大米、核桃肉、龙眼、红枣加水熬煮。

❸ 粥熬煮成黏稠状时关火，稍凉后拌糖即可食用。

## 鸽蛋瘦肉粥

**材料：** 猪瘦肉 50 克，鸽蛋 1 个，大米 50 克。

**调料：** 盐适量。

**做法：**

❶ 将猪瘦肉洗净，放入锅中，用大火煮沸，再转用小火煮 20 分钟，撇去浮沫，捞出，待稍凉切成小丁。

❷ 鸽蛋煮熟，去壳，切丁。

❸ 大米淘洗干净，放入锅中，加入适量水用大火烧开后转用小火熬煮成稀粥。

❹ 粥稠后加入猪肉丁和鸽蛋丁，继续熬煮 5 分钟后，加盐调味即可。

## 白玉金银汤

**材料：** 香菇丝(3 朵量)，豆腐 50 克，鸡丁 50 克，西蓝花 30 克，鸡蛋 1 个。

**调料：** 酱油、盐、水淀粉各适量。

**做法：**

❶ 锅内倒水烧沸，倒入鸡丁、香菇丝煮至熟。

❷ 豆腐洗净，切丁；西蓝花择洗干净，掰成小朵；豆腐和西蓝花放入汤中，加盐、酱油调味，用水淀粉勾芡，煮成稠状。

❸ 将鸡蛋打入碗中，拌匀，淋入汤中，煮开后熄火即可。

## 芙蓉鸡片

**材料：** 鸡蓉 100 克，火腿片 100 克，冬菇段（6 朵量），芥蓝段 15 克，笋片 50 克，蛋清 4 个。

**调料：** 植物油、盐、葱段、姜片、高汤、牛奶各适量。

**做法：**

❶ 蛋清打散至有泡沫，加鸡蓉拌匀。

❷ 锅内倒油烧热，用小勺舀起鸡蓉放油中，凝固即捞起。

❸ 冬菇和芥蓝用开水焯烫后捞出。

❹ 锅内倒油烧热，放葱姜爆香，加入高汤后即捞出葱姜；放入上述食材，加盐煮至汤汁快干时即可。

## 海带炖肉

**材料：** 猪瘦肉 150 克，水发海带 100 克。

**调料：** 酱油、盐、白糖、葱姜末、香油各适量。

**做法：**

❶ 将猪瘦肉洗净，切小块；海带洗净，用开水煮 10 分钟，切小块备用。

❷ 将香油放入锅内，下入白糖炒至糖变黄色，投肉块、葱姜末煸炒，肉上色后，加酱油、盐翻炒一下，加入水，大火烧开后，转小火炖至肉熟，投入海带，一同熬炖 10 分钟，肉烂、海带入味即可。

# 黄焖鸡腰

**材料：** 鸡腰 200 克，口蘑片 50 克，菜花块 50 克。

**调料：** 植物油、白砂糖、甜面酱、酱油、清汤、料酒、姜片、葱段、盐各适量。

**做法：**

❶ 将鸡腰洗净，放入沸水锅中煮透，过凉，剥去脂皮；口蘑、菜花均放入沸水锅焯烫。

❷ 锅内倒油，将白糖和甜面酱炒香。

❸ 放上述食材翻炒，放入作料烧沸。

❹ 大火收汁，加盐调味即可。

# 桂圆子鸡

**材料：** 净童子鸡（白条）1 只，桂圆肉 25 克。

**调料：** 料酒、葱段、姜片、盐各适量。

**做法：**

❶ 童子鸡洗净，放沸水锅中焯烫片刻，去除血水后捞出、沥干。

❷ 把鸡放入蒸钵或锅内，再放入桂圆肉、料酒、葱段、姜片、盐和清水。

❸ 上笼蒸 1 小时左右即可。

# 香芹炒牛肉

**材料：** 芹菜 200 克，牛肉末 100 克。

**调料：** 淀粉、盐、白糖、植物油各适量。

**做法：**

❶ 牛肉末加盐、淀粉拌匀，腌渍 10 分钟左右；芹菜洗净，切段。

❷ 油锅烧至六成热后，放进牛肉末滑散，翻炒至七成熟后盛出；原锅倒入芹菜段快速翻炒，加盐拌匀。

❸ 芹菜炒出香味后，下牛肉末，加入一小勺白糖炒匀，待牛肉全熟后即可。

# 木耳蒸鱼

**材料：** 鲜鲤鱼 1 条，黑木耳 20 克。

**调料：** 黄酒、葱姜丝、食盐各适量。

**做法：**

❶ 鲤鱼清理干净，用黄酒、食盐腌渍 15 分钟备用。

❷ 木耳泡好，去蒂，洗净，切丝。

❸ 在处理好的鱼身上，放上木耳丝、葱姜丝，上笼屉大火蒸 20 分钟即可食用。

**贴心小提示：** 鲤鱼肉富含易被宝宝吸收利用的钙、碘、磷、铁等营养素，可促进大脑的生长、发育。

# 枸杞肉丝

**材料：** 枸杞 10 克，猪瘦肉 200 克，青笋（或玉兰片）10 克。

**调料：** 植物油、料酒、酱油、食盐各适量。

**做法：**

❶ 将猪瘦肉洗净，切成细丝；青笋择洗干净，切丝；枸杞洗净。

❷ 油锅七成热时，下入肉丝、笋丝煸炒，加入料酒、酱油、食盐，放入枸杞翻炒片刻即可。

**贴心小提示：** 枸杞可滋补肝肾、润肺明目，猪肉富含蛋白质，两者共食，可使宝宝气血旺盛，养肝明目。

# 洋葱炒鸡蛋

**材料：** 洋葱 200 克，鸡蛋 1 个。

**调料：** 植物油、盐各适量。

**做法：**

❶ 洋葱去皮，洗净，切丝；鸡蛋打匀备用。

❷ 炒锅置火上，倒入植物油，油热后将蛋液倒入锅里炒熟，下洋葱丝，翻炒片刻（不要出汤），加盐出锅即可。

**贴心小提示：** 洋葱可补充体力，抑制过分兴奋的交感神经，改善宝宝的精神状态。

# PART 4

# 宝宝常见病调养方案

# 宝宝流感

流感是一种急性呼吸道传染病，是由流感病毒引起的。6个月到3岁的宝宝是流感的高危人群。部分宝宝患流感会突然高热，或伴有呕吐和腹泻等消化道症状，还有的宝宝表现为急性喉炎及气管、支气管炎，出现声音嘶哑、咳嗽、气喘，有浓痰。

## 饮食调养建议

宝宝发生流感时，饮食应选择易消化、少油腻、富含维生素的食物。

人工喂养的宝宝在感冒时，可以将牛奶稀释，少量多次喂食，多饮开水，能帮助排除体内毒素。

宝宝患流感时，往往会出现食欲不振，父母不要急躁，疾病痊愈后，自然会恢复食欲。

## 饮食禁忌

宝宝已经患流感且伴有咳嗽症状，就不要多吃水果了，大部分水果属性偏凉，容易使咳嗽加重。

风寒感冒的宝宝要忌食葡萄、柿饼、香蕉、西瓜、绿豆芽、柑橘、猪肉、百合等。

风热感冒的宝宝忌食姜、红糖、肉桂、茴香、羊肉、牛肉、桂圆、鸡蛋、荔枝等。

## 萝卜生姜汁

**材料：** 白萝卜 250 克，生姜 15 克。

**调料：** 白糖适量。

**做法：**

❶ 将白萝卜、生姜分别洗净，生姜刮皮切片，白萝卜切块。

❷ 将切好的白萝卜块、生姜片放入榨汁机中榨汁。

❸ 将榨好的汁过滤去渣，加入适量白糖即可。

# 宝宝咳嗽

咳嗽是小儿呼吸道疾病的常见症状之一。中医依其临床主要症状将咳嗽分为外感咳嗽和内伤咳嗽。外感咳嗽是继发于感冒之后的咳嗽，没有明显的感冒症状，时间长了，会反复发作，演变为内伤咳嗽。外感咳嗽分为风寒和风热两种。舌苔是白色者多为风寒咳嗽，舌苔是黄色者多为风热咳嗽。

## 饮食调养建议

风寒咳嗽的宝宝应吃一些温热、化痰止咳的食物。

风热咳嗽的宝宝内热较大，应常吃些清肺、化痰止咳的食物。

内伤咳嗽的宝宝要吃一些调理脾胃、补肺气的食物。

## 饮食禁忌

咳嗽的宝宝胃口通常不是很好，应选择营养高、易消化、较黏稠的食物，少量多次给宝宝进食，保证摄取足够的营养。

咳嗽的宝宝不要食用寒凉食物，容易伤及脾胃，降低脾胃功能。

禁食肥腻食物，不然会加重症状。

# 丝瓜粥

**材料：** 丝瓜 100 克，大米 50 克。

**调料：** 海米 10 克，姜末、葱末各 3 克。

**做法：**

❶ 丝瓜洗净，去皮，切块；大米洗好；海米泡发。

❷ 锅内加适量清水烧开，倒入大米煮粥，将熟时加入丝瓜块和海米、葱末、姜末烧沸即可。

# 宝宝消化不良

小儿时期，尤其是6个月到1岁的婴儿阶段，消化器官尚未发育完善，消化适应能力较差，很容易出现饱胀、烧心等消化不良症状。消化不良表现为断断续续的上腹部不适或疼痛等，宝宝食欲下降，身体瘦弱，体重减轻，甚至出现腹泻，夜里有时也会睡不安稳。

## 饮食调养建议

宝宝出现大便量多、泡沫多、粪质粗糙、含食物残渣或未消化的现象，就要控制饮食量，可以给宝宝喂米汤、藕粉糊等易消化的食物。

喂奶过多，奶中含糖量偏高的宝宝，会出现大便泡沫多、成蛋花样、酸性气味重等症状。可以缩短喂奶的时间，延长喂奶时间间隔，在间隔时间喂适量温开水。

大便呈黄褐稀水样或夹杂有未消化的奶瓣，伴有刺鼻的臭鸡蛋味，这是宝宝对蛋白质的吸收有障碍的表现。母乳喂养的婴幼儿在喂奶前可以多喝些水，降低奶中蛋白质的浓度。

大便量多呈糊状，外观油润，内含较多奶瓣和脂滴，臭气大，这是脂肪消化不良。妈妈要少吃脂肪含量高的食物，人工喂养的可以用水和米汤稀释牛奶或喂食低脂奶。

## 清煮嫩豆腐

**材料：** 豆腐150克。

**调料：** 盐、葱花、香油、水淀粉各适量。

**做法：**

❶ 豆腐洗净，切小方丁，浸泡半小时，捞出沥水。

❷ 锅置火上，加清水和豆腐丁，大火烧沸后转小火煮熟，加盐、葱花和香油调味，用水淀粉勾芡。

# 宝宝便秘

便秘是困扰家长的儿童常见病之一。宝宝大便干硬，排便时苦恼费力，次数比平时明显减少。有时 2~3 天甚至是 6~7 天排便一次，这就是发生便秘了。便秘大都是由消化不良或脾胃虚弱引起的，食用鱼、肉、蛋类过多，以及缺乏谷物、蔬菜等也是重要原因。

## 饮食调养建议

给宝宝添加辅食时，尽量选择含膳食纤维丰富的蔬菜和水果，如韭菜、萝卜、芹菜、香蕉等。它们能刺激肠壁，加快肠蠕动，帮助排便。

宝宝要多喝水，常食维生素含量丰富的蔬菜汁或蔬菜泥，如南瓜汁、菠菜汁、胡萝卜汁等。

## 饮食禁忌

不要过多食用鱼、肉、蛋类。

配方奶粉的调配要按照说明书来，不要随意提高浓度。

## 其他建议

清晨起床给宝宝饮温开水，能促进肠蠕动。

父母的正确引导能帮助宝宝养成按时排便的习惯，减少便秘。

# 魔芋香果

**材料：** 魔芋、苹果、菠萝、橘子各 20 克。

**调料：** 淀粉适量。

**做法：**

❶ 魔芋洗净，切块；苹果洗净，菠萝取果肉，两者切丁；橘子剥皮，掰开橘瓣。

❷ 将魔芋放入锅中，加水煮 20 分钟。

❸ 将其他的材料一同加入锅中，煮 15 分钟左右。

❹ 最后稍微加少许水淀粉，边加边搅拌即可。

# 宝宝自汗、盗汗

自汗是指宝宝白天无缘无故出汗；盗汗是指宝宝夜间睡眠时出汗，醒后停止。如果宝宝汗多，还伴有发热、消瘦、乏力等情况，妈妈就要带着宝宝去医院请医生诊断。

## 饮食调养建议

出现自汗、盗汗的宝宝，饮食上宜益气养阴，多吃小麦、红枣、核桃、山药、莲子、百合、蜂蜜、泥鳅、黑豆、胡萝卜等食物。

多汗的宝宝可以多喝些白开水，补充水分。

## 饮食禁忌

宝宝自汗，平时不要多吃寒凉生冷的食物。

宝宝盗汗，平时要少吃辛辣煎炸等食物。

## 其他建议

宝宝多汗时，要注意衣着或被褥厚薄适宜，随环境温度变化及时更换。

内衣被汗浸湿后，应立即更换，以免受凉感冒。

## 核桃莲子山药羹

**材料：** 核桃仁、去心莲子各 15 克，黑豆、山药粉各 20 克，大米 50 克，冰糖适量。

**做法：**

❶ 将核桃仁、莲子、黑豆分别洗净，研成末；大米洗净。

❷ 锅内加适量水，放入核桃仁粉、莲子粉、黑豆粉、山药粉和大米大火煮沸，小火煨煮，加冰糖调味，熬煮 2 分钟即可。

# 宝宝扁桃体炎

扁桃体炎在中医称为乳蛾，是宝宝常见的呼吸道疾病。急性扁桃体炎常表现为高热、咽痛、扁桃体肿大发红、不敢吞咽进食。年龄幼小的宝宝则表现为流口水、不吃食物，病情严重者扁桃体上可见数个化脓点，又称化脓性扁桃体炎，此时体温更高，持续时间也更长。

## 饮食调养建议

饮食方面要清淡，可吃乳类、蛋类等高蛋白食物和香蕉、苹果等富含维生素 C 的食物，最好制成易于吞咽、消化的半流质食物，如米汤、米粥、豆浆、绿豆汤、菜泥、果泥、蛋汤等。此外，还应适当多饮水。

当宝宝出现吞咽困难时，不要强迫宝宝进食，可以让宝宝吃些流质食物，如酸奶等，以减轻咽喉疼痛。

## 饮食禁忌

不要给宝宝吃油腻、黏滞和辛辣刺激的食物，如辣椒、大蒜、油条、炸鸡等。

禁食生冷食物，如雪糕、冷饮、冰西瓜等。

## 百合炖香蕉

**材料：** 百合 15 克，去皮香蕉 2 个，冰糖适量。

**做法：** 以上三种材料加水熬成粥状即可食用。

**功效：** 能滋润宝宝的咽喉，缓解咽痛和咽部不适。

# 宝宝鹅口疮

鹅口疮是一种口腔黏膜感染性疾病，是由白色念珠菌感染引起的。2岁以内的宝宝是多发群体。发病时，宝宝的颊、舌、口唇部的黏膜上出现白色状如奶块的斑块。严重时，宝宝会烦躁不安、吮乳困难、啼哭不停，还伴有轻度发热。

## 饮食调养建议

妈妈要给宝宝多喝水，吃流质或半流质的食物。

月龄较小的宝宝因为口腔疼痛不肯吸奶时，妈妈可以用小勺慢慢喂奶，以保证营养的充足。

喂养宝宝的食物以微温为好。

## 饮食禁忌

忌食黏腻、辛辣刺激的食物。

母乳喂养的宝宝，乳母应少食辛辣刺激的食品。

## 其他建议

发现宝宝患鹅口疮要及时到医院请有经验的医生治疗。

哺乳妈妈要经常清洁乳头、奶瓶，宝宝用过的其他物品最好能经常清洗或消毒。

# 莲子绿豆粥

**材料：** 大米50克，干百合5克，莲子、绿豆各10克，冰糖适量。

**做法：**

❶ 干百合泡发，洗净，切碎；莲子洗净，去心；大米洗净，浸泡半小时；绿豆洗净，浸泡4小时。

❷ 锅内加适量水烧沸，放入大米、莲子、绿豆大火煮沸，再用中火熬煮30分钟，放入碎百合、冰糖煮稠即可。

# 宝宝流涎

　　小儿流涎，就是所谓的小儿流口水，多见于1岁左右的宝宝，常发生在断奶前后。断奶前后的宝宝，增加辅食的营养不够，加上宝宝本身的脾胃就比较虚弱，容易发生消化不良，导致流涎的发生。

## 饮食调养建议

　　合理喂养，常食新鲜蔬菜和水果，能增强抗病能力。

　　宝宝6个月后，可以在宝宝口中放块冰糖，帮助养成吞咽唾液的习惯。

## 饮食禁忌

　　宝宝不要吃容易上火的食物，如煎烤、油炸等食物，这些食物容易导致流口水。

　　有的妈妈用母乳喂养宝宝到15个月以上才断奶，断奶后方给宝宝添加辅食，这样的宝宝脾胃虚弱，流涎的发生率较高。

## 其他建议

　　宝宝流口水，会打湿衣襟，容易出现感冒和并发其他疾病，要慎重对待，否则有的会数年不愈。

## 益智粥

**材料：** 益智仁、白茯苓、大米各30克。

**做法：**

❶ 将益智仁和白茯苓烘干，一同放入碾槽内研为细末。

❷ 大米洗净，放锅中，熬煮成粥，待将熟时，每次调入益智仁和白茯苓粉3~5克，稍煮即可。

# 宝宝腹泻

小儿腹泻是小儿比较常见的多发性疾病。它是由多病因、多因素引起的，有感染性腹泻、生理性腹泻等。主要症状是宝宝频繁地排泄不成形的稀便。腹泻好发于 6 个月至 2 岁的婴幼儿，如果延期不愈，容易导致宝宝发生营养不良、反复感染，甚至出现发育不良等现象，要引起足够重视。

## 饮食调养建议

进食无粗纤维、低脂肪的食物能使宝宝的肠道蠕动减少，也能补充营养成分。所以，宝宝腹泻时的膳食应以软、烂、温、淡为原则。

要及时给宝宝补充水分，防止宝宝脱水。

可以将苹果榨成果汁给宝宝食用。苹果果胶能吸附毒素和水分，对治疗腹泻有积极作用。

## 饮食禁忌

不要给宝宝喝带糖的饮料、酸奶，这样会加重腹泻。

不要因为害怕宝宝由于腹泻而营养不够，就强迫宝宝多吃东西，这样做反而会加重腹泻。

## 山药苹果泥

**材料：** 山药 200 克，苹果 1 个。

**做法：**

❶ 山药去皮，洗净，切块后上锅蒸熟。

❷ 苹果洗净，去核和皮，切小块。

❸ 将山药块、苹果块一起倒入搅拌机中，搅拌成糊状即可。

# 宝宝遗尿

遗尿是指 3 岁以上的宝宝在夜间睡眠中，小便不受控制排出的一种疾病。遗尿的宝宝轻者数天一次，严重的天天发生，甚至一夜数次。遗尿和很多因素有关，如宝宝神经系统发育不完全、膀胱容量较小、睡前饮水过多或玩得过度等；少数是因为器质性病变。需要注意的是，3 岁以前的宝宝在熟睡中遗尿的情况不能算是此病。

## 饮食调养建议

常给宝宝吃一些补肾的食物，如桂圆、白果、莲子等，可以改善宝宝的遗尿现象。

宝宝晚餐可以食用干饭、稠粥、面糊等，减少饮水量。

## 饮食禁忌

少吃豆类、薏米、冬瓜等利尿的食物，能减少遗尿。

少吃性寒的食物，如香蕉、萝卜、金橘、山楂等。

不宜多吃盐和糖。多盐、多糖都容易引起多饮、多尿。

晚餐不要让宝宝摄入过多的水，避免引起夜间遗尿。

# 黑豆益智猪肚汤

**材料：** 黑豆、益智仁、桑螵蛸、金樱子各 20 克，猪肚 1 个。

**做法：**

❶ 将益智仁、桑螵蛸和金樱子放入干净纱布中包裹；猪肚清洗干净，去除异味；黑豆洗净。

❷ 将纱布包、黑豆和猪肚放入锅中，加适量水炖熟，吃猪肚、黑豆，喝汤即可。

# 宝宝佝偻病

佝偻病是一种较为常见的慢性营养缺乏病，就是通常所说的"软骨病"。佝偻病是体内维生素 D 不足引起的全身钙磷代谢失常，使其不能正常沉着在骨骼的生长部分，严重者会发生骨骼畸形。此病发病缓慢，不易发现，一旦出现抵抗力下降，还会患上呼吸道和消化道的感染性疾病。

## 饮食调养建议

给宝宝合理添加如蛋黄、猪肝、奶类、豆制品等辅食，能增加维生素D 的摄入。

## 饮食禁忌

北方冬春两季，宝宝的户外活动较少，尤其是烟尘笼罩的城市，阻挡了部分紫外线的通过，佝偻病发病率较高，由于奶类含有的维生素 D 不能完全满足宝宝的生长需要，如不及时添加辅食或鱼肝油，比较容易得佝偻病。

## 其他建议

宝宝每天在室外活动 1~2 小时，晒晒太阳，能促进维生素 D 的合成。

当宝宝患有佝偻病时，不能因担心宝宝体质虚弱、不耐风寒就不出屋，长期抱养，这样反而对宝宝的生长发育不利，甚至加重病情。

# 清炖二骨汤

**材料：** 猪骨头 250 克，黑鱼骨 250 克。

**调料：** 盐适量。

**做法：**

❶ 猪骨、黑鱼骨洗净，砸碎。

❷ 将猪骨和黑鱼骨放入锅中，加适量清水炖至汤呈白色且黏稠时，加盐调味即可。

# 宝宝鼻出血

鼻出血是宝宝的易发疾病，比较常见。鼻出血是指宝宝没有受到外部创伤却无缘无故地鼻子出血。天气忽冷忽热，宝宝难以适应气候变化会出现鼻出血。此外，鼻炎和各种急性传染病、再生障碍性贫血、血小板减少性紫癜等疾病也都会引起鼻出血。

## 饮食调养建议

要让宝宝常吃新鲜水果和蔬菜，多喝水或清凉饮料补充水分，能避免宝宝发生鼻出血。

可以常食能帮助止血的果蔬，如鲜藕、芹菜、白菜、芥菜、丝瓜、黄花菜、西瓜、梨、荸荠等。

## 饮食禁忌

发生过鼻出血的宝宝宜少吃煎炸、肥腻的食物及虾、蟹、公鸡等。

## 其他建议

宝宝出现鼻出血的应急法：首先让宝宝头稍前倾，用拇指、食指捏住宝宝双侧鼻翼，向内上方推压，用干净的棉球等填塞鼻孔止血，最后用凉毛巾敷额头及鼻部，有利于血管收缩和止血。一般经过上述处理，多在数分钟内止血，若十几分钟仍不能止血，就要带宝宝去医院诊治。

# 猪肝白菜汤

**材料：** 猪肝 50 克，白菜叶 30 克。

**调料：** 姜、葱、盐、湿淀粉各适量。

**做法：**

❶ 白菜叶洗净；姜、葱取汁；猪肝洗净，切片；猪肝加盐、葱姜汁、湿淀粉抓匀上浆。

❷ 锅置火上，倒适量油烧热，加入白菜叶及少量盐翻炒，然后加清水烧开；放入猪肝煮熟，加盐调味即可。

**适合年龄：** 12 个月以上的宝宝。

# 宝宝贫血

贫血是婴幼儿时期比较常见的一种疾病。贫血的宝宝皮肤和黏膜苍白，还会出现心跳过快、呼吸加速、食欲减退、恶心、腹胀、精神不振、注意力不集中、情绪容易激动等症状。长期贫血的宝宝还容易疲倦、毛发干枯、营养低下，发育也会比较迟缓。

## 饮食调养建议

给宝宝增加含铁量高且容易吸收的辅食，如动物肝脏、瘦肉、鱼肉、鸡蛋黄、豆类、黑木耳等。

常给宝宝吃富含维生素C的食物，如橘子、橙子、番茄、猕猴桃等，能促进铁的吸收利用。

## 饮食禁忌

牛奶是宝宝的重要食品，但牛奶的含铁量比较少，而且宝宝对牛奶中铁的吸收率仅有10%。铁不足很容易导致宝宝身体虚弱、容易困倦，发生缺铁性贫血，所以喝牛奶的同时，还要补充铁质。

宝宝的营养应均衡，避免营养过剩、偏素食、吃油腻等导致肠胃超负荷和消化紊乱，从而引发铁吸收障碍。

## 红枣核桃米糊

**材料：** 大米50克，红枣20克，核桃仁30克。

**做法：**

❶ 大米淘净，清水浸泡2小时；红枣洗净，用温水浸泡30分钟，去核。

❷ 将食材倒入全自动豆浆机中，加水至上、下水位线之间，按"米糊"键，煮至米糊好即可。

# 宝宝蛔虫病

蛔虫病是宝宝常见的肠道寄生虫病。环境中的蛔虫卵是宝宝感染的主要来源。患有蛔虫病的宝宝会有轻度食欲不振，肚脐周围或肚脐上方出现轻度疼痛，并且痛无定时，反复发作，持续时间不定。严重的会消耗患儿体内的营养，造成贫血和营养不良，甚至影响精神及智力。

## 饮食调养建议

瓜果蔬菜生吃时要清洗干净，最好用消毒水浸泡片刻。

可以用香椿、南瓜、荸荠等来制作宝宝的辅食，对蛔虫病有防治作用。

## 饮食禁忌

不喝生水，不吃不洁净的食物。

## 其他建议

做好宝宝的个人卫生和环境卫生，饭前便后勤洗手，教育宝宝不要咬指甲，不吮吸指头，不随地大便。

不少父母比较重视宝宝面部的虫斑和眼睛、手指甲、嘴唇内侧的斑点，其实判断孩子蛔虫病最关键的是近期排便中有无蛔虫。一旦有这种情况，要及时到医院进行检查治疗。

## 竹笋炒香椿

**材料：** 嫩竹笋 150 克，嫩香椿 50 克。

**调料：** 植物油、盐、鲜汤、水淀粉、香油各适量。

**做法：**

❶ 竹笋择洗干净，切块；香椿择洗干净，沥干，切细末，放入碗中，加盐腌渍，挤干水分。

❷ 锅内倒油烧至八成热，放入竹笋块煸炒，放入香椿末、盐、鲜汤翻炒均匀，大火收汁，用水淀粉勾芡，淋上香油即可。

# 宝宝惊风

惊风也是宝宝的常见病症之一，一般分为急惊风和慢惊风两种。急惊风往往高热39℃以上，面红气急，躁动不安，严重者还会有神志不清、两目上视、牙关紧闭、角弓反张、四肢抽搐等表现；慢性惊风表现为嗜睡无神，两手握拳，抽搐无力，时作时止，有时宝宝会在沉睡中突发痉挛。

## 饮食调养建议

正在发热期的宝宝要常吃瓜果，多喝水和菜汤，既可以补充水分，也能协助降低体温，预防惊风。

## 饮食禁忌

某种营养成分缺乏或过多均会引发宝宝惊风。如过量喂食鱼肝油导致维生素A中毒，缺乏维生素D影响钙吸收所致的低钙血症，低血糖症，维生素$B_6$缺乏症，低镁症等。

## 其他建议

宝宝如突然出现急惊风，要先用掐人中、按合谷等方法进行急救，赢得时间，再送到医院进行诊治。

慢惊风在急性发作时，常用手法同急惊风，原则是先缓解病情。

## 山药米糊

**材料：** 大米50克，山药30克，鲜百合10克。

**做法：**

❶ 大米淘洗干净；山药去皮，洗净，切丁；百合择洗干净，分瓣。

❷ 将上述食材一同倒入全自动豆浆机中，加水至上、下水位线之间，煮至豆浆机提示米糊做好即可。

# 宝宝夜啼

小儿夜啼是指宝宝白天安静如常，入夜就啼哭或每夜多次啼哭。小儿夜啼有生理性和病理性两种。生理性夜啼哭声响亮，宝宝精神状态和面色正常，食欲良好，无发烧等；而病理性夜啼是由于宝宝患有某些疾病而引起不适或痛苦，表现为突然啼哭，哭声剧烈、尖锐或嘶哑，呈惊恐状，四肢屈曲，两手握拳，哭闹不休等。

## 饮食调养建议

常给宝宝食用如香菇、莲子、山药、百合、大米等养心、安神的食物。

为宝宝补充维生素 D，多晒太阳，可以缓解夜啼。

有的宝宝半夜哭泣是因为饿了，要及时给宝宝喂食，防止宝宝因饿而夜啼。

## 饮食禁忌

睡前避免让宝宝吃如苹果、甜瓜、巧克力等易致胀气的食物。

睡前若要喝牛奶，奶粉不宜兑得太浓，最好在睡前半小时喂奶。

## 其他建议

作息要规律，不要过饥或过饱，睡觉的环境要安静。

及时给宝宝换尿布，避免宝宝因为尿湿了而半夜啼哭。

# 三菇豆米粉

**材料：** 米粉 40 克，黄豆 20 克，金针菇、蟹味菇、香菇各 25 克，胡萝卜 20 克。

**调料：** 盐 3 克，芝麻油 2 克。

**做法：**

❶ 将米粉放入温水中泡开；黄豆泡一夜；胡萝卜切丝；三菇洗净。分别将黄豆、胡萝卜和三菇汆烫，捞出过凉水，沥干水分备用。

❷ 米粉盛入盘中，放入所有材料，调入盐、芝麻油即可。

# 宝宝痢疾

宝宝的身体免疫功能尚未发育成熟，肠道抵抗力弱，很容易由入口的不洁食物感染而患痢疾。小儿痢疾是由痢疾杆菌所引起的。宝宝痢疾多发生在夏秋两季，症状较轻的以发热、腹痛、便后有下坠感及伴有黏液便或脓血便。严重的会突发高烧、昏迷、痉挛、呼吸不畅等。此病主要是通过痢疾患者或带菌者的粪便及带菌的苍蝇污染日常用具、餐具、玩具、饮料等传染给宝宝。

## 饮食调养建议

患痢疾的宝宝可以多吃些米粥、菜末、龙须面、小薄面片、面包、蛋糕、饼干、新鲜果汁、菜汁等低脂肪、少渣、半流质的食物。

夏天要少吃温补的东西，如龙眼、荔枝、红毛丹等，常吃西瓜、绿豆、薏米等清淡的食物。

## 饮食禁忌

少喝饮料和冷饮。饮料中糖分比较多，容易导致宝宝肥胖；冷饮会降低肠道的消化功能。

急性发病期要避免给宝宝吃油腻、荤腥、生冷、干硬、粗纤维等不易消化的食物，特别忌食牛奶、鸡蛋、蔗糖等。

## 乌梅粥

**材料：** 乌梅 10 克，大米 30 克，冰糖适量。

**做法：**

❶ 乌梅洗净；大米洗净。

❷ 锅内加适量水，放入乌梅煎汁，待汤汁变浓时，放入大米熬煮成粥，加适量冰糖，煮 2 分钟即可。

# 宝宝呕吐

呕吐是宝宝比较常见的现象。一般来说，断奶期的宝宝胃和食道尚未发育成熟，容易将刚吃进去的食物吐出来；发烧的宝宝会因为消化功能减弱而经常呕吐。

## 饮食调养建议

在宝宝呕吐后，妈妈要注意观察宝宝1~2小时，如果宝宝口渴，要喂点温开水。宝宝喝水后没有再吐，妈妈可以多喂几口水。

在宝宝呕吐3~4小时后，会感到肚子饿，可能会向妈妈吵着要吃的，最好喂给宝宝面糊或烂粥。

不要一次性喂奶过多，吃奶时避免让宝宝吸进大量空气，也不要一次进食过多或进食不易消化的食物。

## 饮食禁忌

宝宝呕吐时，妈妈最好不要喂宝宝脂肪含量高或不易消化的食物。

宝宝呕吐时，要让宝宝坐起，头侧向一边，避免呕吐物呛入气管。

尽量让宝宝卧床休息，不要经常变动体位，否则可能引起再次呕吐。

# 南瓜丸子汤

**材料：** 米粉2大勺，开水1大勺，南瓜末1/2大勺。

**调料：** 高汤1/2杯，酱油适量。

**做法：**

❶ 在米粉中倒入开水，和成软面团，放入南瓜末揉匀，做成小丸子。

❷ 锅内倒水烧开，放入小丸子，煮熟，捞出，用凉开水过凉。

❸ 高汤烧开，滴入少许酱油，放入小丸子，再稍煮即可。

# 宝宝湿疹

湿疹是一种过敏性皮肤病。主要发生在宝宝的双颊、额部和下颌部，严重的胸部和上臂也会出现。湿疹开始时，是针头大小的红色丘疹，会出现水疱、脓疱、渗液，能形成痂皮，痂皮脱落后形成糜烂面，愈合后形成红斑。几个星期后红斑开始消退，糜烂面消失，会留有少许薄痂或鳞屑片。

## 饮食调养建议

乳母应尽量避免吃容易过敏的食物，如蛋、虾、蟹等。

进入断奶期的宝宝不要过早添加全蛋、鱼、虾等。

## 饮食禁忌

不要用热水清洗湿疹部位。

不要让宝宝抓、挠、蹭破湿疹，要常给宝宝剪指甲。

接触宝宝皮肤的内衣、枕巾、被褥等要用纯棉的布料，避免穿丝毛织品及化纤等衣物。

洗宝宝的衣物和尿布时，最好选择低磷的洗涤剂，洗后一定要漂洗干净。

过敏反应严重时要找医生。食用水解蛋白配方奶粉。

# 绿豆粥

**材料：**绿豆 20 克，粳米 75 克。

**调料：**白糖适量。

**做法：**

❶ 将绿豆、粳米淘洗干净。

❷ 锅中加适量水，将绿豆、粳米一同放入锅中，待绿豆将开花未开花时，加入白糖搅匀即可。

# 宝宝口腔溃疡

口腔溃疡是指宝宝口腔出现炎症、肿胀或长出白色小米样水疱，继而出现溃疡灶的病症。宝宝发生口腔溃疡，虽然有食欲，却因疼痛而难以进食，导致宝宝哭闹或情绪低落。

## 饮食调养建议

应选择稀软，容易消化的食物，症状严重的宝宝可以给予半流质饮食。

宝宝口腔溃疡严重时，妈妈要中断喂奶。

喝流质饮食并无大碍，除了母乳或奶粉外，还可给宝宝喂食果汁或汤水。

宝宝要多吃如牡蛎、动物肝脏、瘦肉、蛋类、花生、核桃等富含锌的食物，能促进创面愈合。

口腔溃疡的宝宝应多吃富含维生素 $B_1$、维生素 $B_2$ 的食物，能帮助溃疡愈合。富含维生素 $B_1$、维生素 $B_2$ 的食物有白菜、菠菜、茄子等。

宝宝要多喝开水，尽量避免局部刺激。

## 饮食禁忌

不要给宝宝喂食番茄、猕猴桃、柑橘类水果，这会刺激溃疡面，让宝宝更加疼痛。

# 花豆腐

**材料：** 豆腐 50 克，青菜叶 30 克，熟鸡蛋黄 1 个。

**调料：** 盐、葱姜水各适量。

**做法：**

❶ 豆腐稍煮，放入碗内碾碎；蛋黄碾碎。

❷ 青菜叶洗净，开水微烫，切成碎末后也放入碗中，加入盐、葱姜水拌匀。

❸ 豆腐做成方形，撒一层蛋黄碎在豆腐表面，入蒸锅，中火蒸 5 分钟即可。

# 宝宝肥胖

宝宝肥胖的定义是指体重超过正常平均值的120%以上。宝宝过于肥胖时，会有疲劳感，用力时会气短。身体脂肪的过度堆积会限制胸肌和膈肌运动，宝宝还会出现呼吸急促。宝宝体重过重，走路时，双下肢负荷过度会导致膝外翻或扁平足。

## 饮食调养建议

让宝宝多吃蔬菜，能增加饱腹感，防止能量摄入过多。

食物选择上，尽量以粗粮、杂粮为主食，鱼、瘦肉为蛋白质的食物来源。

宝宝的饮食宜清淡。

## 饮食禁忌

主食、甜食和油脂的摄入量要严格限制，脂肪高的坚果要少吃，尽量不摄入甜食和含糖的饮料。

在为宝宝做辅食时，食盐不应过多。

在婴幼儿早期不要大量添加淀粉类食物，也不要让宝宝吃过量的食物。

# 燕麦南瓜粥

**材料：** 燕麦片30克，大米50克，小南瓜25克。

**做法：**

❶ 将南瓜洗净，削皮，去子，切成小块；大米洗净，用清水浸泡30分钟。

❷ 锅置火上，将大米与清水一同放入锅中，大火煮沸后改小火煮20分钟。放入南瓜块，小火煮10分钟，再加入燕麦片，继续用小火煮10分钟即可。

# PART 5

# 聪明父母
# 要知道的事

## 宝宝吐奶怎么办

宝宝吐奶现象较为常见。如果吐奶严重，往往影响宝宝吃奶的兴趣。由于宝宝的胃呈水平位，容量小，连接食管处的贲门较宽，不容易关闭，而且连接小肠处的幽门较紧，因此宝宝吃奶时如果吸入较多空气，奶液容易倒流入口腔，引起吐奶。其实，只要注意哺乳方法，吐奶是完全可以避免的。下列办法可以减轻溢奶的情况：

喂奶时要平静缓慢。

在喂奶中应避免突然中断，避开有声响或亮光的刺激，或存在其他容易分神的事物。

在喂奶后让宝宝采取直立姿势。

喂奶后不要让宝宝剧烈活动。

在宝宝很饿之前就喂奶（别让宝宝哭得太厉害）。

如果用奶瓶，要确定奶嘴的孔没有过大或过小。

睡觉时整个小床头部垫高，让宝宝的头比肚子稍高。

所吐的奶如果是豆腐渣状，属于奶与胃酸起作用的结果，为正常现象。假如宝宝呕吐频繁，且吐出呈黄绿色、咖啡色液体，或伴有发烧、腹泻等症状，属于病态，应该去医院及时就诊。

## 如何判断宝宝是否吃饱了

有些妈妈不知道宝宝的奶量，总怕宝宝吃不饱。此时，聪明的妈妈要仔细观察：你的宝宝是否会自动吐出奶头；每天是否换 6~8 次很湿的尿片，以及排大便 2~5 次；体重每星期是否平均增加 100~200 克；肤色是否健康，皮肤和肌肉是否有弹性。如果一切正常，那就说明宝宝吃得很好。

# 新生儿怎样补钙

为了宝宝的健康，新生儿要注意及时补钙，预防低钙血症及低钙惊厥。可以从以下两个方面进行：

## 孕妈妈应多补钙

孕妈妈应该从怀孕中期就注意补充钙质，常进食含钙高的食物，多晒太阳，增加维生素 D，来促进钙的吸收。除饮食上要多加注意外，还应每天补充钙剂 500~600 毫克，到了孕晚期，应加大剂量，以 600~800 毫克为宜。

## 新生儿补钙

新生儿的生长发育速度比较快，补充钙质和合理营养最为重要。母乳是最为理想的营养品。母乳中钙、磷的比例为 2:1，最为适宜，容易被宝宝吸收。但母乳中钙的含量比牛乳低，在母乳不足的情况下，新生儿可以用牛奶或代乳品，但牛奶中钙磷比例欠佳，钙不易被吸收，因此在人工喂养时，需要注意补钙和鱼肝油。

# 如何给新生宝宝喂药

由于新生儿对药味的反应轻微，因此给新生宝宝喂药会比较容易些。家长可先用手固定新生宝宝的头和手，然后用小勺将药液放在舌根部，让其自然咽下。

千万别捏宝宝的鼻子灌药，以防药物吸入气管而发生呛咳、窒息；也不要将药物与乳汁搅拌后同时喂服，因乳汁中的蛋白质可使许多药物的药效降低。

喂药后要注意观察宝宝 10 分钟左右，以防因药物刺激胃部而发生呕吐。

# 怎样为宝宝烹制"断奶粥"

可使用电饭煲同时做大人的米饭和宝宝的"断奶粥"。在电饭锅中放入洗净的米和适量水，再放入瓷杯或玻璃杯等耐热容器，容器中放入"断奶粥"所需要的米和水，摁下开关，就可以同时做出大人的米饭和宝宝的米粥。

用米饭做粥。取 1 大勺米饭，加 75 毫升水（约为米饭的 5 倍左右），小火加热煮沸，小火煮 10 分钟，关火加盖焖煮 5 分钟。

用微波炉做粥。在宝宝的饭碗里盛一次用量的米饭，加适量水搅拌均匀，放入微波炉中加热 0.5~1 分钟，取出后，再焖上一段时间即可。

# 怎样用大人的饭菜做断奶食品

## 大人饭菜中哪些可以作为断奶食品

断奶初期和中期，宝宝能吃的食物较少，只有豆腐、肉、鱼、蔬菜等。到了后期，宝宝能吃的食物有所增加。可以在做大人的饭菜时，做出适合宝宝的食物，节约时间。在同时做大人饭菜和宝宝的断奶食品时，要将食物做成适合宝宝进食的形状，依据断奶阶段调整口感。

## 断奶食品应保持清淡

在同一时间制作大人和宝宝的食物时，调味前要先将宝宝的食物取出。如果是炒菜或炖菜中的肉做断奶食品，应将肉放入开水中，去除油脂。如果炖菜的味道本来就清淡，可以加点水调稀。

## 根据宝宝断奶的阶段来改变断奶食品的形状

在用大人饭菜做断奶食品时，最好按照宝宝断奶的不同阶段作恰当的处理。如断奶期初期，食物要碾成泥；断奶中期，可以碾成碎块；断奶后期，做得松软成形即可。

# 怎样根据断奶的阶段调整烹制方法

| 食物 | 初 期 | 中 期 | 后 期 | 结束期 |
|---|---|---|---|---|
| 土豆 | 煮熟后去皮，碾成泥。 | 去皮，切碎丁，与切成碎块的胡萝卜同煮至熟。 | 去皮，切碎丁，煮至熟烂。 | 去皮，切小丁，与肉泥和胡萝卜丁同煮至熟烂。 |
| 苹果 | 用擦板擦成泥，放入小锅中煮熟。 | 切碎，加糖水，放入锅中煮软。 | 切碎，与葡萄干一起炖成果泥。 | 削去外皮，切细条。 |
| 肉类 | 将肉放入开水中，烫去血水，煮熟，与豆腐同煮至烂，捣碎。 | 肉煮熟，切碎，和碾碎的豆腐同煮至烂。 | 肉切细丝，与剁碎的蔬菜一起煮烂。 | 肉切细丝，放入适量酱油、砂糖，炖烂。 |
| 胡萝卜 | 去皮，切小块，放入锅中煮熟，捣成胡萝卜泥。 | 切碎，放入高汤中，煮至熟烂。 | 去皮，切细丝，煮熟。 | 用模具切成各种形状的胡萝卜片或块，放入锅中煮熟。 |
| 海鲜类 | 将剔净骨刺的海鱼肉煮熟，捣烂。 | 将准备好的海鱼肉煮熟，碾碎。 | 将煮熟的海鱼切片。 | 将煮熟的海鱼切块。 |

# 九招化解宝宝拒吃辅食

宝宝满 4 个月就可适量增添辅食，但不少年轻父母常常为宝宝不肯吃辅食而苦恼。其实，只要运用些技巧，就能让宝宝接受辅食。

**示范如何咀嚼食物。**有些宝宝因为不习惯咀嚼，会用舌头将食物往外推，这就要给宝宝示范如何咀嚼食物并且吞下去。可以放慢速度多试几次，让宝宝有更多的学习机会。

**不要喂得太多或太快。**依照宝宝的食量喂食，速度不要太快，喂完食物后，应让宝宝休息一下，不要有剧烈活动，也不要马上喂奶。

**品尝各种新口味。**在宝宝原本喜欢的食物中加入新材料，分量和种类由少到多。宝宝不喜欢的食物可减少供应量，但应逐渐增加辅食的种类，让宝宝养成不挑食的好习惯。食物也要注意色彩搭配，以激起宝宝的食欲，但口味不宜太浓。

**重视宝宝自立的欲望。**半岁后，宝宝渐渐有了自立的欲望，会尝试自己动手吃饭，家长可以鼓励孩子自己拿汤匙进食。如果宝宝喜欢用手抓东西吃，可烹制易于手拿的食物，满足孩子的欲望，让他觉得吃饭是件有成就感的事，也会增强食欲。

**提前 10 分钟告诉宝宝要吃饭了。** 正玩在兴头上，孩子若被突然打断，会引起反抗和拒绝，所以即使是宝宝，也应告之即将要做的事。

**准备一套儿童餐具。** 大碗盛满食物会使宝宝产生压迫感，影响食欲；尖锐及易破的餐具也不宜让幼童使用。儿童餐具有可爱的图案、鲜艳的颜色，能促进宝宝食欲。

**用餐时，保持愉快情绪。** 常逼迫宝宝进食，会让他觉得吃饭是件讨厌的事，长此以往会产生排斥心理。父母也不要提出不合理的要求，例如：一定要用筷子、喝汤不能滴出来等，这些会让宝宝觉得沮丧，影响用餐情绪。

**不要在宝宝面前品评食物。** 宝宝会模仿大人，所以父母不应在孩子面前挑食及品评食物的好坏，避免养成偏食的习惯。

**学会食物代换原则。** 如果宝宝讨厌某种食物，也许只是暂时性不喜欢，可以先停止喂食，隔段时间再让他吃，在此期间，可以喂给宝宝营养成分相似的食物。

# 易使宝宝过敏的食物

很多食物容易引起宝宝过敏，常见的是异性蛋白食物如螃蟹、大虾，尤其是冷冻的袋装加工虾、鳝鱼及其他鱼类、动物内脏等。父母对宝宝初次食用此类食物要慎重，应少吃，在确认没有不良反应后，下次才可多吃些。还有的宝宝对鸡蛋尤其是蛋清会过敏，要谨慎对待。

一些蔬菜会引起过敏，如黄豆、扁豆、毛豆等豆类，木耳、蘑菇、竹笋等菌藻类，以及香菜、韭菜、芹菜等香味菜，宝宝食用时应多注意。患荨麻疹、湿疹和哮喘的宝宝的体质属过敏体质，安排饮食时更要慎重，避免摄入致敏食物，否则会导致疾病复发和加重。

如果发现宝宝对某种食物过敏，就要在相当长的时间内避免再喂这种食物。随着年龄增长，宝宝身体强健，有的可能对某种食物不再起过敏反应。不过再次接触该食物时，还要谨慎小心，从少量开始，无不良反应后再增加，避免诱发过敏反应。

# 怎样判断可以添加辅食了

1. 宝宝的头颈部肌肉已经发育完善，能自主挺直脖子，方便进食固体食物。

2. 吞咽功能逐渐协调成熟，不再把舌头上的食物吐出来。

3. 消化系统中的分解酶增加，已经能够消化不同种类的食物了。

父母要注意，具体到每个宝宝，该什么时候开始添加辅食，最好视宝宝的健康及生长状况来决定。

# 为什么要添加辅食

乳汁无法满足宝宝的生长需求时就需要添加辅食。宝宝 4 个月大时，母乳或配方奶粉中的营养就不能满足宝宝生长发育的需求了，必须要适当添加辅食，帮助宝宝摄取均衡充足的营养，促进生长。

## 为断奶做好准备

婴儿的辅助食品也叫断奶食品，其含义不仅指宝宝断奶时所用的食品，也指从单一的乳汁喂养到完全断奶这一阶段中添加的过渡食品。

## 可以锻炼吞咽能力

宝宝需要有一个逐渐适应的过程来习惯吸食乳汁到吃接近成人的固体食物。从吸吮到咀嚼、吞咽，宝宝需要学习一种新的进食方式，一般需要半年或更久。

## 可以培养咀嚼能力

宝宝不断长大，牙龈会逐渐坚硬，尤其是门牙长出后，需要及时添加软化的半固体食物，慢慢用牙龈或牙齿去咀嚼食物。宝宝多练习咀嚼能帮助乳牙萌出和颌骨发育。

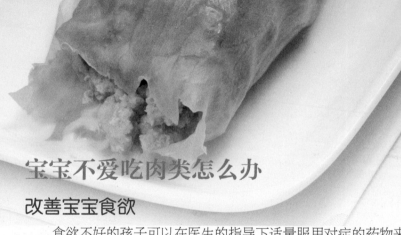

## 宝宝不爱吃肉类怎么办

### 改善宝宝食欲

食欲不好的孩子可以在医生的指导下适量服用对症的药物来改善食欲。此外，一些药食同源的食物如山药、白扁豆、红枣等能改善宝宝的肠胃功能。

### 提高烹饪技巧

肉类不要做得太油腻，肉汤要撇清浮油；学会用葱、姜、料酒去腥味；炒菜时，可以加些爆香的新鲜大蒜粒，能使菜肴生香，提高食欲；洋葱焖烂，与排骨或牛肉一起做菜，能提高食欲。

### 改变烹饪的口感

肉类食品要做得松软鲜嫩，否则宝宝可能因为嚼不烂而不愿吃肉。采用熘肉片或氽肉片的方法，能使肉变得鲜嫩可口，不会塞宝宝的牙缝。肉糜蒸蛋羹、荤素肉丸、红烧肉做好后，加水蒸 1 小时，能使瘦肉变得松软。

### 父母以身作则

不要发表不吃荤菜的理由，或在餐桌上有意识地批评荤菜，这会潜移默化地影响宝宝对菜肴的取舍。

## 宝宝不爱吃鸡蛋怎么办

有些宝宝不爱吃鸡蛋有的只吃蛋白不吃蛋黄，或只吃蛋黄不吃蛋白。

宝宝不爱吃鸡蛋的原因如下：对鸡蛋过敏；父母很少改变烹饪方式；传统的方式如蒸鸡蛋，有股腥味，宝宝不喜欢。

最好的解决办法是经常变换一下烹调方法，让鸡蛋有滋有味。如：白煮蛋去壳，在蛋白上划三四道；同猪肉一起红烧，使肉汤渗到蛋黄中，增加味道。炒鸡蛋时加上其他配料，如番茄、蘑菇、豌豆、银鱼等同炒，味道会不同；在炒蛋、蒸蛋或做蛋花汤时，最好在打散鸡蛋时，滴上几滴香醋，能去掉点鸡蛋的腥气。

# 宝宝不爱吃蔬菜怎么办

有的宝宝从小吃蔬菜少，偏爱吃肉，长大后就很可能更不容易接受蔬菜。这时父母就要多花些工夫了。

1. 父母应该成为宝宝的榜样，常吃蔬菜，不要在宝宝面前议论自己不爱吃什么菜、什么菜不好吃之类的话，以免误导宝宝。

2. 多给宝宝讲吃蔬菜的好处和不吃蔬菜的后果，可以通过讲故事的方式让宝宝意会，吃蔬菜能让身体长得更健康、更结实。

3. 改良蔬菜的烹调方法。给宝宝做的菜要切得细一些，碎一些，便于宝宝咀嚼，还要注意搭配色、香、味、形，提高宝宝的食欲。或者把蔬菜做成馅，包在包子、饺子或小馅饼里喂给宝宝，会更容易被接受。

4. 态度不要强硬，特别是如果宝宝不肯接受个别蔬菜时，不能太勉强，可通过其他蔬菜来代替，也许过一段时间宝宝自己就会改变的。

总之，最有效的方法还是在1岁以前就让宝宝品尝到不同的蔬菜口味，为以后的饮食习惯打好基础。

# 宝宝不爱喝牛奶怎么办

牛奶或乳制品是钙质最好的来源，还含有适量的维生素D、镁、磷等，能帮助钙质吸收。但有的宝宝不愿喝牛奶，特别是鲜牛奶。究其原因，一是鲜牛奶不好喝，二是喝了牛奶会使肠胃不舒服，甚至腹泻。

父母可以采用如下的对策：

## 改变服用的方法

1. 有些宝宝不喜欢喝奶是嫌颜色单调，而且无浓郁的香味，可以添加有颜色和香味的食品，如可可粉、水果丁等。

2. 用牛奶取代部分水，增加宝宝的摄入量。如在红烧牛腩时，可以加入鲜奶增加香味。蒸蛋时，可用牛奶代替水，增加嫩滑的口感。

## 让牛奶变得更好吸收

有的宝宝可能有乳糖不耐症，不能分解牛奶中的乳糖，会引起腹泻、腹胀等。反应严重的话，要改喝酸奶、豆浆或豆奶粉。一般可以先少量尝试，适应后再增加奶量。肠胃功能不好的宝宝最好不要喝冷牛奶，应加热饮用或放至室温时再饮。

# 别给宝宝吃大人咀嚼过的食物

有的家长图方便，在吃饭的时候会把自己咀嚼过的食物喂孩子，这是不正确的。

大人口腔中会有很多细菌，通过嘴对嘴喂食会将细菌传染给孩子，因而会患某些疾病。

宝宝吃咀嚼过的食物会妨碍唾液和胃液的分泌，降低宝宝的食欲和消化能力，时间长了，对宝宝的食欲和消化能力都有影响。

经常嘴对嘴喂养，容易让宝宝形成一种依赖性，不利于锻炼咀嚼能力，也不利于培养其独立性。

所以，最好不要给宝宝喂咀嚼过的食物，爸爸妈妈最好能亲手制作合适的各种碎烂、易咀嚼、易消化的食品。

# 能够防止龋齿的食物

不少父母认为，宝宝的乳牙终究会脱落，不用仔细保护。这是不对的。乳牙是造就健康恒牙的重要基础，能确保和维持恒牙的生长空间。如果宝宝有龋齿，会因牙疼无法好好咀嚼食物，养成不爱吃硬食和不爱咀嚼的习惯，导致宝宝偏食、食欲下降。妈妈要让宝宝在乳牙期多咀嚼食物，锻炼下颌肌肉，促进骨骼发育。

要想让宝宝有一口整齐雪白的牙齿，需要让宝宝摄入牙齿需要的营养。维生素 A 是牙齿中珐琅质的主要营养来源，而维生素 C 缺乏的话会导致牙龈出血。维生素 D 和钙质是牙齿中石灰质的营养来源。

所以，要让宝宝常吃富含蛋白质、维生素 A、维生素 C、维生素 D 和钙质的食物，如牛奶、鸡蛋、豆腐等。用牛奶和富含矿物质的食物做成的蔬菜奶汤是保障宝宝牙齿健康的很好的食物。

# 宝宝喝酸奶不宜过量

酸奶是在鲜牛奶中加入乳酸杆菌或乳酸、柠檬酸发酵制成的。酸奶的营养成分与鲜牛奶相当，而且因酸度增加，蛋白凝块变细，更容易被吸收。乳酸杆菌能抑制肠道内的大肠杆菌，比较适合宝宝饮用，对防治宝宝腹泻有一定的作用。

但在选购酸奶时，一定要多加注意。市场上有许多打着酸奶旗号的乳酸菌饮料。乳酸菌饮料主要是水和添加的一些乳酸杆菌，含牛奶的量极少，营养价值和酸奶不能相提并论，不能替代宝宝每天需饮用的牛奶或酸奶。因此在购买时，一定要认清是否

为正宗酸奶制品，而不是乳酸菌饮料。

酸奶具有一定的酸度，因此不要每天给宝宝喝太多，否则可能会影响胃肠道内的正常酸碱度。一般在宝宝 1 岁后，才可喝酸奶，以每天 1~2 小杯为宜。

## 怎样使宝宝骨骼强壮

有的宝宝易骨折，这主要是缺钙和摄入过多糖分造成的。要想让宝宝的骨骼正常发育，强健结实，就应补充足够的钙质。

正在发育的宝宝每天要喝两杯鲜牛奶，常吃奶酪、酸奶等奶制品。

除了奶制品外，银鱼、干虾、鸡蛋、大豆、豆腐、豆腐脑、海藻类食品和蔬菜都是很好的钙质来源。含钙高的食物最好和含优质蛋白质或维生素 C、维生素 D 的食物搭配起来食用，能帮助钙质的吸收，也能将钙固着在骨骼中。

## 怎样正确调配牛奶

牛奶是一种理想的营养品，但对宝宝来说并不是十分适宜。为了使牛奶的成分尽可能适合宝宝，使之无菌、便于消化，应学着对牛奶进行调配。方法如下。

稀释：牛奶中蛋白质、脂肪和矿物质等含量比母乳多，对较小的婴儿，尤其是新生儿不适合，必须稀释。

加糖：牛奶中含有的乳糖浓度只相当于母乳的 2/3，经过稀释后的糖分更加不足，所以应在喂养时加些糖，以 100 毫升牛奶中加 5~8 克为宜。

煮沸：牛奶容易被细菌污染，细菌在牛奶中会很快繁殖，所以在喂牛奶前，一定要煮沸消毒。煮沸可以杀死细菌，也能改变蛋白质的性状，使酪蛋白分子变小，更容易吸收。一般来说，将牛奶加温至 61.1~62.8℃ 半小时，或加温至 71.7℃ 15~30 分钟，都可杀死牛奶中的细菌。不好掌握上面的温度，就可将牛奶烧开 2~3 分钟，不要煮沸太久，否则会破坏其中的维生素、酶及脂肪酸等物质。

## 怎样促进宝宝的大脑发育

宝宝大脑发育在 1 岁以内最为关键。宝宝的大脑发育可以分为胎儿期、1 周岁之内及 1~6 周岁三个阶段，在出生 1 年内大脑发育得最为迅速，一定要提供足够的营养。

谷类和水果是促进大脑活动的最佳食品。脑力活动的能源是葡萄糖，能帮助组成神经细胞，使其传递通畅。宝宝处于大脑发育高峰期，更需要补充碳水化合物，主要通过谷类和水果补充。谷类食物主要有米饭、馒头、面包、面条等，水果包括香蕉、葡萄、西瓜、梨、橘子、苹果等，这些食物进入人体后，能分解产生葡萄糖，供给大脑活动能量。

脑细胞的生成不能离开蛋白质。牛肉、牛肝、猪肉、鸡肉、海鲜、鸡蛋等食物中含蛋白质较高，能促进大脑的发育。

脂类物质也具有促进宝宝大脑发育的作用，特别是沙丁鱼、鲅鱼、秋刀鱼、青花鱼、金枪鱼等青背海鱼含丰富的 DHA，对宝宝来说更为有益。

# 宝宝吃饭时，父母要会看护

## 吃什么

宝宝开始吃辅食后，父母就要添加不同质地、不同口味的食物。孩子会开始接受各种碎烂的食物，学会并喜欢咀嚼大块的食物。孩子渐渐开始从吃奶过渡到喜欢吃三顿辅食，再喝一些水、稀释的果汁或牛奶。

## 吃多少

宝宝的食物需要几周慢慢增加，直到从固体食物中得到生长所需要的营养，替代从奶中获得营养。宝宝渴了，可以喂白水或稀果汁，不要给孩子喝糖水，否则会使宝宝养成吃糖果的习惯。但是，不同宝宝间的食欲有很大差别，要根据宝宝的具体情况而定。

## 如何吃

宝宝在吃东西时，不要离开孩子，避免孩子噎着。宝宝逐渐会跟着大人在桌上吃饭，但也要制作适合宝宝吃的固体食物，避免出现营养不良或营养过剩。

# 如何避免宝宝挑食、厌食

要避免宝宝挑食、厌食，需要做到以下几点：

**定时吃饭。**培养宝宝在固定的位置上吃饭，进餐的时间不要过长，最好控制在15~30分钟。

**合适的环境。**吃饭时保持安静，把分散注意力的玩具都收起来，让宝宝专心吃饭，不能边吃饭边看电视或玩玩具。

**愉快的氛围。**吃饭时氛围要愉快，不管宝宝吃了多少、吃了什么，父母都要保持微笑，不要把喜怒哀乐表现在脸上，最忌在饭桌上训斥宝宝。

父母要吃各种食物，即使由于各种原因不想吃或不能吃某种食物，也不要在宝宝面前流露出对这种食物的厌恶情绪。

宝宝如果不喜欢某种食物，妈妈可以用其熬粥或掺入其他食物中，或暂停几天，直到宝宝能接受，不要强迫进食或放弃。

# 宝宝不爱喝水怎么办

不少宝宝从小吃母乳，很少额外补充水分，等到断乳后，往往不爱喝水，妈妈喂宝宝喝水时会很费劲。

其实，宝宝年龄越小，体内所需水分就越多。宝宝生长发育快，需要的水分相对比成人多，而且宝宝的肾功能发育尚不完全，水分消耗也快。一般来说，每千克体重需水量：0~1岁为120~160毫升，1~2岁为120~150毫升，2~3岁为110~140毫升。

宝宝不接受白开水时，可以多给他吃一些汁多的水果如西瓜、橘子、梨等，或喂果汁。此外，也可在每顿饭中为宝宝做一份可口的汤，可以补充水分，营养也比较丰富。

在宝宝拒绝喝水时，不要过分强迫，否则容易导致宝宝对水产生反感，可以换一种形式或换一个时间再喂。要学着用宝宝感兴趣的方法来培养喝水的习惯，如用漂亮的纸杯或讲故事鼓励。

## 宝宝不肯喝奶粉怎么办

越来越多的妈妈已经认识到了母乳喂养的好处。很多妈妈克服各种困难，坚持纯母乳喂养，让宝宝长得结实。但也有不少妈妈需要在哺乳期内恢复工作，不能够继续在家正常喂哺；有的宝宝食量增大，母乳不能满足宝宝需要，就要给宝宝提供配方奶粉了。

不少宝宝不肯喝奶粉，主要是已经习惯了口味清淡的母乳，而配方奶却有一股奶腥味。敏感的宝宝不能很快适应，所以就拒食配方奶了。

如果宝宝不喝奶粉，可以尝试用下面的方法来解决：

1. 选购宝宝的奶粉时，应该选择口味清淡、接近母乳的婴儿配方奶粉。

2. 刚开始喂配方奶时，把奶粉调稀一些，让宝宝习惯奶的味道，待习惯后再调到标准浓度，使宝宝慢慢习惯配方奶。可以先用小勺、小杯，不要逼着宝宝喝。

3. 开始喂配方奶时，可以在宝宝将睡未睡、将醒没全醒，胃已经排空的时候喂，这样容易让宝宝接受配方奶。

## 断奶期宝宝体重增长缓慢怎么办

一般来说，8~12个月的宝宝生长发育较快，但有的宝宝体重增长较慢，这时就要注意辅食的添加。

有的父母认为，只要一日三餐吃饱，就可放弃喂奶了。实际上，宝宝的辅食以淀粉类食物为主，蛋白质、磷、钙的摄入量相对不足。如果放弃喂奶，会导致体内蛋白质缺乏，直接影响宝宝的生长发育。

宝宝断奶前后，一日三餐食物的质量不符合营养需求，也会影响体重的增加。在一日三餐从辅食变为主食后，要注意添加含有丰富蛋白质的食物，如肉、蛋黄、肝泥、豆腐等，提供身体必需的营养素；食用米粥、面片、龙须面、小饺子、面包等主食，能补充所需热量；常吃蔬菜和水果，能补充维生素和矿物质。各种维生素的供应要充足，比例要均衡。

宝宝的生活要有规律，如果生活颠倒，没有固定的进餐时间、睡眠时间，甚至白天睡觉，夜晚不睡觉，没有时间进行户外活动，都会使宝宝吃饭不香、睡眠不踏实，很容易导致食欲下降，体重自然增长缓慢。

所以，不满1岁的宝宝要继续用母乳喂养，如无母乳或已断奶，每天要进食配方奶粉600毫升左右，以保证宝宝的生长发育。宝宝的膳食要注意营养，饮食要有规律，同时增加室内和室外的活动量，保证婴儿体重正常增长。

# 宝宝不能吃过多的巧克力

巧克力香甜可口，宝宝比较喜欢，但宝宝不宜多吃。

巧克力是一种以可可油脂为基本成分的含糖食品，脂肪、糖、蛋白质成分分别为30%~40%、40%~60%、5%~10%。巧克力含有较多的脂肪和热量，但对宝宝来说，并不适合。因巧克力中蛋白质含量较少，钙和磷的比例也不合适，糖和脂肪太多，并不符合宝宝生长发育的需要。另外，吃过多的巧克力往往会导致食欲降低，影响宝宝的生长发育。

所以，宝宝可以偶尔吃点巧克力，但千万别把巧克力当作营养的佳品。

# 如何养成好的进食习惯

宝宝进餐时，要有固定的座位，吃东西时不打闹、不说笑，周围也不要有玩具吸引宝宝的注意力。

吃饭前，不要给宝宝吃零食，以避免影响食欲，使宝宝产生厌食情绪。

要锻炼宝宝自己吃东西。10~12个月的宝宝虽然还不能自己吃东西，但在喂饭时，可让宝宝拿一把匙，父母扶着宝宝的手，将食物送到嘴里；还可让宝宝自己拿着馒头片或饼干吃。父母要培养宝宝自己吃饭，不要怕弄脏而代替宝宝动手，否则宝宝到了3~4岁也不会动手吃饭。

定时吃饭。宝宝 10~12 个月大时，就要定时吃饭，如 8:00 早餐、12:00 午餐、18:00 晚餐，这样能保证宝宝的脾胃健康。

# 怎样培养宝宝独立进食

一般来讲，1 岁以上的宝宝就能独立进餐，有的宝宝已能熟练进食了。但有的父母一直喂宝宝吃饭，会让宝宝产生依赖性，养成不好的进食习惯。所以，要及早培养宝宝独立的进食习惯。

## 让宝宝慢慢尝试

宝宝满周岁时，可以试着让他拿着小勺吃饭，开始只能吃几口，但坚持下去，当宝宝摸索到适合自己的吃饭方法就能独立吃饭了。

## 多进行鼓励

在宝宝能独立吃几口饭时，父母要及时给予鼓励，提高宝宝自己吃饭的兴趣和信心。

## 父母要学会放手

如果宝宝的依赖性强，可连续几天给他做喜爱的饭菜，宝宝如吃上几口，给予表扬，鼓励他继续吃完。宝宝要不愿意自己吃，大人不要发火，也不要帮助他吃完。几天之内要重复这种方法，等宝宝饿了或馋了，就会自己吃饭。

# 让宝宝享受吃零食

## 吃零食的益处

帮助锻炼吞咽和咀嚼的能力。可以将苹果、梨切片或让宝宝吃些酥脆的饼干，让他练习吞咽、咀嚼的能力。

补充能量。对于饭量小的宝宝来说，很容易饿，可以拿含有牛奶、鸡蛋的饼干或蛋糕来补充能量。

## 宝宝能吃的零食

父母要为宝宝选择营养丰富的零食，如水果、酸奶、奶片、枣、牛肉干、粗纤维饼干、海苔片等，一些坚果类食物也可以选择，如核桃仁、花生、杏仁等，但不能吃太多。

## 宝宝忌食的零食

父母要依据宝宝的月龄选择不同的零食，但下面的最好别选择。

含糖量多的食品。一些零食如冰淇淋、糖果、果脯、巧克力、果冻等含糖量高，但营养价值并不高，不能给宝宝吃。

油炸、膨化食品。膨化食品如炸薯片、薯条、虾条等蛋白质含量少，含有较多的色素、防腐剂、香精，不利于宝宝的健康。街头的烧烤、炸串不卫生，质量也不可靠，容易产生致癌物，宝宝一定不能吃。

## 宝宝吃零食注意事项

零食应在两餐之间吃，但不要离正餐太近。零食不能过量食用。不要边看电视边吃零食。

临睡前不要吃零食，否则会加重消化系统负担。

# 让宝宝少吃点冷饮

夏季，天气炎热，宝宝喜欢吃冷饮而不愿意吃饭。但是，宝宝吃了冷饮后，血管会受到冷刺激而收缩，影响身体往外散热，冷饮进入肠胃，会刺激胃黏膜而使消化酶的分泌量减少，减弱消化能力。

吃冷饮会引起儿童肠道内温度骤然下降，造成局部的血液循环减缓，肠胃功能受到损伤，影响对摄入食物中营养物质的吸收和消化，严重的还会导致宝宝消化系统功能紊乱，发生经常性腹痛。

所以，宝宝一定要少吃冷饮。

# 断奶晚为什么不好

宝宝断奶的最佳时间是在出生后第 8~12 个月。过早断奶，就必须添加过多的辅食，而此时宝宝消化能力还较弱，容易引起消化不良、腹泻等，对健康不利。而断奶过晚的话，母乳的量和所含的营养物质都会逐渐减少，不能满足宝宝生长发育的需要，也会导致宝宝出现各种营养缺乏症。

所以，断奶不要过晚，最好在宝宝 6 个月后就开始添加辅食，养成吃母乳以外食物的习惯。经过一段时间适应，再逐渐用辅食代替母乳，约半年左右宝宝就会由吃母乳转成吃饭，慢慢完成断奶。如果不做好断奶的准备，认定断奶的时间到了，就突然不给宝宝吃奶了，这会使宝宝的情绪变得急躁，容易引起疾病。

# 怎样选择断奶的时机

一般来说，在宝宝半岁以内，母乳是最好的天然食品。但是，如果宝宝 1 岁后仍不断奶，母乳就难以满足宝宝生长发育的需要。此外，继续哺乳会对宝宝的心理发育产生不良影响。因此，需要适时断奶。

断奶是一个长期的、逐渐适应的过程，不应该靠突然让宝宝和妈妈分开来掐断。断奶的整个过程应持续半年左右。从宝宝 6 个月起，应开始为宝宝断奶做准备。及时为宝宝添加辅食，培养宝宝用勺、碗、杯子吃饭、喝水，减少用母乳喂哺的量和喂哺次数，用配方奶来替代。一般在宝宝 12 个月时，可完全断奶。此时宝宝应能一日三餐正常吃饭，加餐时吃些点心和饼干。一般宝宝应常食用稠粥、烂饭、面条、肉末、碎菜等食物。

宝宝断奶的最佳时机最好根据宝宝的发育进程而定，一般为宝宝 10~12 个月。除了宝宝的发育水平，天气变化和身体情况也应考虑到。不要在炎热的夏季或寒冷的冬季断奶，季节变化容易导致肠胃功能紊乱，再加上断奶，更易导致宝宝生病。遇到宝宝患病，也不要断奶，否则会加重病情，应推迟断奶。

# 宝宝为什么会吃泥土、纸屑

有些父母很困惑，宝宝经常会捡墙皮、泥土、纸屑、烟头等来吃，这在医学上被称为"异食癖"。

一般来说，异食癖由下面原因引起：

宝宝体内缺锌。锌是人体内非常重要的微量元素，参与体内多种酶的代谢，也参与味觉的形成。缺锌会导致许多器官、组织的生理功能异常，如异食癖、厌食症等。这要经过检查才能确定。

营养性贫血也会使组织、器官缺氧而导致功能减退，容易出现异食癖。

肠道寄生虫如蛔虫会分泌毒素，直接影响肠管，而钩虫会引起贫血，导致异食癖。

父母在发现宝宝有异食癖时，不要慌张，应及时带宝宝到医院去检查，找出病因，对症治疗。日常生活中，饮食应该多样化，避免食品单一，保证营养素均衡摄入。

# 怎样预防宝宝营养不良

强调母乳喂养。母乳中营养比较全面，需要注意的是要让乳母摄取充足的维生素 A 和维生素 D。可以从婴儿出生后 1~2 周开始，每日给宝宝服用维生素 D，连续服用至 2~3 岁。

及时给宝宝添加富含维生素 D 和钙的辅助食品，如蛋黄、肝泥、鱼肝油制剂、虾皮、菜末、果汁、米汤等。1 岁以上的宝宝，要全面提高饮食的质量，每天固定食用牛奶、鸡蛋、豆腐、绿叶蔬菜及主食等。

多晒太阳。要让宝宝每天晒晒太阳，增加维生素 D，协助人体内钙和磷的吸收。

宝宝的饮食应以软、烂、细为主。要少食豆类、花生、玉米等坚硬难消化的食物，忌食煎、炸、熏、烤和肥腻、过甜的食物，少用葱、姜及各种香气浓郁的调味料。常食米粥、牛奶、鸡肉、鸭肉、鸡肝、山楂、鳗鱼、鹌鹑、银鱼等食物。

# 宝宝食物最好现做现吃

在给宝宝做食物时，最好做得清淡、稀烂，而且要单独做。此外，还要注意避免长时间烧煮、油炸和烧烤，以减少营养素的丢失。要根据宝宝咀嚼和吞咽的能力及时调整食物的质地。食物的调味程度应根据宝宝的需要来调整，不要以成人的喜好来决定。

隔夜食物在味道和营养上都会大打折扣，还极容易被细菌污染，所以一定不能让宝宝食用上顿剩下的食物。父母在准备生的材料如肉末、碎菜等时，可以一次多准备点，依照宝宝的食量，用保鲜膜分开包装后放入冰箱中保存。但保存的时间也不要超过1个星期。

# 读懂宝宝进食时的肢体语言

一般来说，宝宝肚子饿了或对食物感兴趣了，会兴奋地手舞足蹈、身体前倾并张大嘴巴。相反，如果不饿或没有食欲，宝宝面对食物会紧闭嘴巴，把头转开或干脆闭上眼睛。

父母千万不要强迫宝宝进餐，否则只会让宝宝反感，把享受美食当成痛苦。

# 不要让宝宝饭前多吃糖

饭前吃糖过多，会升高体内的血糖水平，使宝宝有饱腹感，到了吃饭时间，就不想吃饭了，而没多久就又饿了，若再用糖来补充，时间长了，很容易导致身体生长发育所需要的营养物质供应不足，影响正常的生长。

饭前多吃糖，还容易损伤脾胃。因为大量的糖存留在胃中，会增加胃肠道的酸度。糖进入肠胃后，会在肠内发酵，很容易出现腹胀等不适感，对肠胃不利。

饭前空腹吃大量的糖，会消耗人体过多的B族维生素，导致食欲不振、唾液及消化液分泌减少等现象，日积月累，会引起消化功能减退。

# 宝宝怎样吃水果

## 吃应季水果

在选购水果时，首选应季水果，每次不要买太多，防止水果霉烂或因存储时间过长营养成分降低。挑选时，应以新鲜、表面有光泽、没有霉点的为佳。

## 吃水果的时间

宝宝最好在两餐之间吃水果，如早餐、中餐之间或午睡醒来后，吃一个橘子或苹果。

## 选择的水果与宝宝体质相适宜

体质偏热容易便秘的宝宝，最好吃梨、西瓜、香蕉、猕猴桃等偏凉性的能败火的水果。宝宝患了感冒、咳嗽时，可以用梨加冰糖炖水喝，能生津润肺、清热去火。有的宝宝体重超标，就要选择含糖量低的水果。

## 不能用水果代替蔬菜

水果和蔬菜的营养差异较大，和蔬菜相比，水果中的无机盐和粗纤维含量较少，不能给机体提供足够的动力。宝宝不吃蔬菜，食欲会下降，营养摄入不足自然会影响成长。

## 水果并不是吃得越多越好

每天水果的品种不要太杂，吃水果量要有所节制。一些水果含糖量高，多吃会造成食欲不振，影响宝宝的消化功能和营养素的摄取。父母要了解水果的特性，每天吃的水果不宜超过 3 种。

## 宝宝的饮食不要过于精细

现在，人们的生活品质越来越高，饮食中的主食也越来越精细。许多父母用细粮细做来喂养咀嚼能力还不完全的宝宝，其实这是不正确的。

因为主食过于精细会造成某种或多种营养物质的缺乏，从而引起一些疾病。所以，要常给宝宝吃些含粗纤维的食物，如芹菜、油菜等，能促进咀嚼肌、牙齿和下颌的发育，也能促进胃肠蠕动，增强胃肠的消化功能，防治便秘，也可对龋齿起到一定的预防作用。

在给宝宝做粗纤维的饮食时，要注意做得细、软、烂，方便宝宝咀嚼和吸收。

## 怎样提高宝宝的注意力

宝宝的饮食中如果缺钙，会让宝宝变得烦躁、易怒。钙具有镇定的作用，对增强宝宝的注意力有帮助，所以要让宝宝常吃富含钙的食物。

小银鱼是含钙量高的食物，但同时含有过量的磷酸，会影响钙的吸收，所以宝宝从小银鱼上可摄取的钙量并不多。

牛奶的含钙量也很高，但不少宝宝不爱喝牛奶。这种情况下，要想给宝宝补钙，最佳的选择就是裙带菜、海带、鹿角菜、紫菜等海藻类食品。干裙带菜不仅含钙量高，也富含膳食纤维，能降低胆固醇，治疗便秘。妈妈可以利用这些海藻类食品制作幼儿食物，能帮助宝宝集中注意力。

# 让宝宝巧吃胡萝卜

因为胡萝卜有种特殊的味道，所以很多宝宝不喜欢吃。但胡萝卜中含有丰富的胡萝卜素，吸收后能转变为维生素 A，能增强人体抵抗力，对身体极为有益。父母可以用下面的方法来做，让宝宝不知不觉喜欢上吃胡萝卜。

掺：将胡萝卜和肉、蛋、猪肝等搭配着来吃，能减轻胡萝卜的特殊味道。

碎：胡萝卜植物细胞的细胞壁比较厚，难以被消化，切丝或剁碎能破坏细胞壁，使里面的养分被吸收。胡萝卜弄碎了，宝宝也没办法把它挑出来了。

油：在人体内，胡萝卜素要转变为维生素 A，需要有脂肪为载体。所以，胡萝卜要和油脂一起烹调。如烹调不加油的话，同样多的胡萝卜素，转变成维生素 A 的比例会大打折扣。

# 宝宝怎样吃糖

各种各样的糖果和甜品对宝宝来说，是抵挡不住的诱惑，但食用过多是不利健康的。

## 弊端1：肥胖

经常吃甜食，会使宝宝味觉的灵敏度下降，也会抑制食欲，引起维生素和矿物质的缺乏，导致出现厌食、偏食等不良习惯。当宝宝对甜食的喜爱超过甜食对食欲的抑制程度时，食欲会大增，容易引起肥胖。

## 弊端2：产生龋齿

吃过甜食后，口腔内残留的糖被分解发酵后产生酸性物质，会侵蚀牙齿。宝宝吃完糖果后，如不及时清洗口腔，容易增加发生龋齿的机会。

## 控制宝宝吃糖

一般来说，母乳、配方奶、谷物等食物中的糖分可以满足宝宝生长发育和日常生活的需要。但宝宝或多或少都会有额外糖分的摄入。控制糖分的摄入可以依据宝宝的月龄来定。

6个月内的宝宝能够代谢乳糖、蔗糖等简单的糖，只需食用母乳或配方奶，不用再添加糖分。

6~12个月的宝宝，妈妈就开始给宝宝逐渐添加辅食了，最好自制辅食，控制糖分摄入。

1岁以上的宝宝消化功能增强，饮食结构逐渐和妈妈一致。妈妈要让宝宝均衡摄入谷物类、蔬菜、水果、肉类、鱼虾、蛋类、奶豆类及其制品，就能保证宝宝糖分的供给。对于糖果、甜品、冰淇淋、甜饮料等高糖食品，可以偶尔吃点，不能每天大量吃。

# 怎样提高宝宝的食欲

在规定时间内让宝宝想吃多少就吃多少。在给宝宝喂食时，让宝宝想吃多少就吃多少，逐渐培养宝宝的饮食习惯。要给宝宝规定好吃饭时间，过了时间，马上收拾饭桌。给宝宝喂饭的时间，不要超过 30 分钟。妈妈要狠下心，过了规定时间，不管宝宝吃完没吃完，不能让宝宝再吃。这样能逐渐养成良好的饮食习惯，也会改善宝宝的消化功能。

纠正宝宝不良的饮食习惯。宝宝的饮食习惯和父母有着密切的关系。不要宝宝一哭闹，不管宝宝是不是肚子饿，妈妈就通过喂奶来哄；宝宝已经吃饱了，妈妈就不要逼着宝宝多吃几口；妈妈也不要边看电视或书，边喂宝宝吃饭。妈妈的这种行为会让宝宝对吃饭失去兴趣，导致不良的饮食习惯。

变换食物和餐具的外观能促进宝宝的食欲。父母要积极变换食物的搭配，改变宝宝餐具的外观色彩。颜色和形状各异的小饭碗、小勺子、小叉子及形状可爱的食物，都会增加宝宝的食欲。

# 宝宝为什么不爱吃饭

宝宝不爱吃饭可能与不合理的进食习惯有关，比如在喂断奶辅食时，有些妈妈不顾宝宝是否在犯困或有无胃口，硬往宝宝嘴里塞。

宝宝在一个陌生的环境下会感到紧张，所以在外出或旅行途中，宝宝会因为不习惯而不爱吃饭。

断奶刚开始的时候，由于添加的辅食与以前一直喝的母乳或奶粉形态和口感完全不同，会让宝宝感到不知所措，因此不爱吃饭。

即使是已开始断奶的宝宝，当突然面对全新的食物时，也会因为味道不熟悉而拒绝进食。

# 怎样帮助宝宝长高

在决定身高的因素中，除遗传因素外，营养、环境及运动对身高都有不可忽视的影响。研究表明，饮食和睡眠习惯好的宝宝长得高，因此，要从小养成宝宝良好的饮食和睡眠习惯。

蛋白质是人体生长激素必需的营养素，能参与制造人体的血液和肌肉，是宝宝长高不可或缺的营养素。在 1~2 岁时，宝宝对蛋白质的需求量较大，需要父母精心喂养。父母在制作宝宝的辅食时，要考虑到让宝宝摄取充足的蛋白质。

钙参与人体骨骼的形成，宝宝的饮食中应摄入充足的钙质来帮助骨骼生长。牛奶、奶酪、豆制品中含钙丰富，可经常让宝宝食用。B 族维生素能提高钙质的吸收，帮助宝宝长高。一般来说，富含 B 族维生素的食物有核桃、小麦、菠菜、奶酪、牛肝、鸡肝等。

# 学会选择宝宝食物中的调味品

调味品的选择标准。选择调味品要符合卫生标准，一定要选保质期内的合格品。对宝宝来说，清淡的口味才是最健康的。调味品过多容易伤胃，还有可能影响食欲。

选用调味品的年龄差异。一般来说，4~12 个月的宝宝适宜的调味品有食盐和食糖。1~3 岁的宝宝适宜酱油、食醋、食盐、食糖等调料品。需要注意，辣椒、大蒜等辛辣食物容易造成胃灼热、消化不良等，不适合宝宝食用。

# 制作宝宝辅食的常识和技巧

水果在蒸煮、捣碎前，要记得挖除果核，防止噎着宝宝。应把水果彻底捣碎后再喂给宝宝。蔬菜也要用同样的办法处理。

给宝宝做肉类食品时，要制成肉末，并加水或汤稀释。

蔬菜一定要选择最新鲜的，不要购买陈旧的。

最好用少量的水煮蔬菜和水果，做菜时锅盖要盖严，这有助于保存其中的营养素。

最好用生铁锅做饭，能给宝宝补铁。

宝宝吃的食物稠度要合适。如4个月的宝宝以流质饮食为主，6个月的宝宝以泥糊状食物为主，9个月的宝宝可以吃碎块状的食物。

最好不用铜锅烹制绿叶蔬菜，因为铜会破坏其中的维生素C。

宝宝的食物中不要加过多的糖和盐，因为宝宝的脾胃和肾功能发育不全，体内承担不起过多的盐分，食物中不加过多的糖，这有利于培养宝宝不嗜食甜食的习惯。

# 为宝宝做膳食的注意事项

父母不要以自己的饮食习惯和喜好来制订宝宝食谱和调理饮食。只吃素食或只吃荤不吃素，都会诱使宝宝养成偏食的习惯。宝宝偏食会使营养不均衡，对成长发育不利。

尽量不用或少用鸡精和食品添加剂。父母不要用色素来增加食物的新鲜感，也不要多用鸡精等，这些物质长时间超剂量积累会对宝宝的智力和生长发育不利。

不要经常给宝宝吃炒米饭，甚至用炒米饭代替菜，这不利于宝宝的健康。炒米饭油脂高，蛋白质和维生素含量少，容易使营养素失衡。

# 宝宝每日营养需求

| 营养素 / 月龄 | 0~6个月 | 7~12个月 | 1~2岁 | 2~3岁 | 3~6岁 |
|---|---|---|---|---|---|
| 能量（千焦/千克体重） | 397（非母乳喂养加20%） | 397（非母乳喂养加20%） | 438~459 | 480~501 | 543~627 |
| 蛋白质（克/千克体重） | 1.5~3 | 1.5~3 | 3.5 | 4 | 4.5~5.5 |
| 脂肪（占总能量的%） | 45~50 | 35~40 | 35~40 | 30~35 | 30~35 |
| 烟酸（毫克） | 5 | 6 | 9 | 9 | 9 |
| 叶酸（微克） | 65 | 80 | 150 | 150 | 200 |
| 维生素A（微克） | 400 | 400 | 500 | 500 | 600 |
| 维生素$B_1$（毫克） | 0.2 | 0.3 | 0.6 | 0.6 | 0.7 |
| 维生素$B_2$（毫克） | 0.4 | 0.5 | 0.6 | 0.6 | 0.7 |
| 维生素$B_6$（毫克） | 0.1 | 0.3 | 0.5 | 0.5 | 0.6 |
| 维生素$B_{12}$（微克） | 0.4 | 0.5 | 0.9 | 0.9 | 1.2 |
| 维生素C（毫克） | 40 | 50 | 60 | 60 | 70 |
| 维生素D（微克） | 300~400 | 300~400 | 400 | 400 | 400 |
| 维生素E（毫克） | 3 | 3 | 4 | 4 | 5 |
| 钙（毫克） | 300 | 400 | 600 | 600 | 800 |
| 铁（毫克） | 0.3 | 10 | 12 | 12 | 12 |
| 锌（毫克） | 1.5 | 8 | 9 | 9 | 12 |
| 硒（微克） | 15 | 20 | 20 | 20 | 25 |
| 镁（毫克） | 30 | 70 | 100 | 100 | 150 |
| 磷（毫克） | 150 | 300 | 450 | 450 | 500 |
| 碘（微克） | 50 | 50 | 50 | 50 | 90 |

# 母乳和牛乳的营养成分比较

| 营养成分（以每100克计） | 母　乳 | 牛　乳 |
| --- | --- | --- |
| 能量（千卡） | 65 | 54 |
| 水（克） | 88 | 89.8 |
| 蛋白质（克） | 1.3 | 3.0 |
| 脂肪（克） | 3.4 | 3.2 |
| 碳水化合物（克） | 7.4 | 3.4 |
| 维生素A（微克） | 11 | 24 |
| 维生素B$_1$（毫克） | 0.01 | 0.03 |
| 维生素B$_2$（毫克） | 0.05 | 0.14 |
| 烟酸（毫克） | 0.2 | 1 |
| 维生素C（毫克） | 5 | 0.1 |
| 钙（毫克） | 30 | 104 |
| 磷（毫克） | 13 | 73 |
| 钾（毫克） | —— | 109 |
| 钠（毫克） | —— | 37.2 |
| 镁（毫克） | 32 | 11 |
| 铁（毫克） | 0.1 | 0.3 |
| 锌（毫克） | 0.28 | 0.42 |
| 硒（微克） | —— | 1.94 |
| 铜（毫克） | 0.03 | 0.02 |
| 锰（毫克） | | 0.03 |

注："——"为未测定。

图书在版编目（ＣＩＰ）数据

李宁细说聪明宝宝怎么吃 / 李宁 主编. —— 青岛：青岛出版社，2015.7
ISBN 978-7-5552-1405-2

Ⅰ.①李… Ⅱ.①李… Ⅲ.①婴幼儿 – 保健 – 食谱 Ⅳ.①TS972.162

中国版本图书馆CIP数据核字（2014）第307554号

## 《李宁细说聪明宝宝怎么吃》编委会

| | | | | | | | | |
|---|---|---|---|---|---|---|---|---|
| 主　编 | 李　宁 | | | | | | | |
| 副主编 | 曹丽玲 | 朱本华 | 石艳芳 | 张　伟 | | | | |
| 编　委 | 刘红霞 | 牛东升 | 李青凤 | 石　沛 | 葛龙广 | 戴俊益 | 李明杰 | 霍春霞 | 高婷婷 |
| | 赵永利 | 李　迪 | 李　利 | 张爱卿 | 常秋井 | 刘　毅 | 石玉林 | 樊淑民 | 张国良 |
| | 李树兰 | 王　娟 | 徐开全 | 杨慧勤 | 张　瑞 | 崔丽娟 | 季子华 | 吉新静 | 石艳婷 |
| | 高　杰 | 李　青 | 梁焕成 | 高金城 | 邓　晔 | 常玉欣 | 张俊生 | 张辉芳 | 张　静 |
| | 张金华 | 张玉民 | 黄山章 | 逯春辉 | 高　赞 | | | | |

| | |
|---|---|
| 书　　名 | 李宁细说聪明宝宝怎么吃 |
| 出版发行 | 青岛出版社 |
| 社　　址 | 青岛市海尔路182号（266061） |
| 本社网址 | http://www.qdpub.com |
| 邮购电话 | 13335059110　0532-85814750（传真）　0532-68068026 |
| 策划编辑 | 刘晓艳 |
| 责任编辑 | 袁　贞 |
| 特约编辑 | 李加玲 |
| 制　　作 | 北京世纪悦然文化传播有限公司 |
| 制　　版 | 青岛艺鑫制版印刷有限公司 |
| 印　　刷 | 青岛炜瑞印务有限公司 |
| 出版日期 | 2015年7月第1版　2015年7月第1次印刷 |
| 开　　本 | 16开（710mm×1000mm） |
| 印　　张 | 14 |
| 书　　号 | ISBN 978-7-5552-1405-2 |
| 定　　价 | 39.80元 |

编校质量、盗版监督服务电话 400-653-2017

（青岛版图书售后如发现质量问题，请寄回青岛出版社出版印务部调换。
电话：0532-68068638）

**本书建议陈列类别：儿童饮食保健类**